U0053799

混沌管理

中國的管理智慧

CHAOS MANAGEMENT

袁闖／著

葉序

科學家所談論的混沌（chaos）可以簡單地歸納出三個重要的結論。第一，簡單系統可導出複雜系統；第二，複雜系統可能導出簡單系統；第三，不同的系統可能有相通的模式。混沌可說是一種系現象，在看似混亂無跡可循的現象中，可能隱藏著某些軌跡。但在這本書中，作者所定義的混沌與模糊、模稜兩可更爲接近。基本上，作者要闡釋中國傳統的管理精神與方法是一種混沌的哲學。

「神龍見首不見尾」、「天威難測」這一類的形容，是中國人常用來描述甚至彰顯領導者風格的語句。可是，中國人所嚮往的領導方式的確吻合混沌哲學。我認爲這種混沌哲學與中文的系統有很大的關係。就拿混沌這個詞來說，當我們一看到這個詞，大概馬上會聯想到糊塗、曖昧、模稜兩可，而這正是作者所使用的定義。但是，混沌作爲 chaos 的翻譯，卻有我在這篇序中一開始所說明的意義，我們無法從混沌一詞中體會這些意義。在中文的結構下，造字或造詞都必須運用既存現有的文字或語詞，造新詞創新字遠不如其他文字容易。在引進新觀念時，中文必須借用既有詞字的重新組合或賦加新意。這樣的方式，容易讓新意與舊意混淆。除此之外，中文同音字太多，更加深了中文混淆不精確的現象。反應民族的文化與思維的方式。我認爲中文的語言結構與邏輯是混沌哲學的根源。當然，也正因爲這樣的特性，中文可能也是最有詩意的語言，充滿了暗喻朦朧之美。

傳統中國人所欣賞的做人處事就是暗喻朦朧的表現。處事圓融、人情練達，要求我們在做任何決策時替自己、替別人留些餘地。換言之，就是要模糊混沌的做人處事。所以，鄭板橋的「難得糊塗」會受到中國人普遍的認同。在台灣的作家柏楊用「醬缸文化」形容中國文化，也是同樣的道理。作者從這個角度出發，融合許多歷史經典，探討中國傳統的管理思想，常有精闢創見。美中不足的是，作者所採取的經典以唐朝之前居多，宋明以後著作以及民間戲劇小說所引的證據文獻過於薄弱。

從柏拉圖的《對話錄》，我們可以很清楚的發現，西方文明在一開始就走向嚴謹的思辯之路。蘇格拉底與學生的對話中，可說充滿了反覆往來的定義與辯論。模糊混沌絕對不是西方文化所走的道路。落實在管理理論與行動上，西方管理學者總希望運用科學的方法把影響管理的所有可能因素分析清楚，讓管理者知所依從。然而，由資訊科技的革命，經營者所面對的是一個資訊爆炸、充滿模糊不確定的環境，西方管理學者用原有的科學分析思維，來研究當代企業管理之道，常有捉襟見肘、力不從心的現象。在另一方面，日本與東亞經濟之崛起，使得歐美人對於東方的文化思想發生興趣。中國人系統思考以及模糊心領的思維方式，提供西方管理學者一個新的研究立場。作者在書中的嘗試，回應當前管理研究的需求，也提供吾人許多管理研究與政策的新方向。

大體而言，這是一本十分「混沌」的著作。讀者若是沒有一定的學識基礎，並不容易瞭解該書所表達的內容。這也是一本很具野心的著作，作者大量引用古今中外的著作與理論，試圖比較中西管理思想的異同以及未來的發展可能。作者的企圖與視野，令人欽佩。用心的讀者，一定可以從中得到相當多的啓發。

葉匡時
國立中山大學企管系教授

自序

袁閭

本書定名爲《混沌管理》，經歷過一番曲折。本書是在我的博士論文的基礎上改寫而成。我選「混沌管理」作爲博士論文的題目，朋友們雖然都加以鼓勵，但總認爲「混沌管理」一詞稍顯出格，不易爲人所接受，而且也容易使人聯想到混亂，與管理的本意相悖。正因爲如此，我的博士論文也一直未能正式定名。論文的主要部分完稿後，我的導師蘇東水教授根據論文的實際內容，建議定名爲《混沌管理研究》，與我的本意不謀而合。在論文評閱答辯過程中，哲學界、經濟學界、管理學界的許多專家、學者都對論文給予了較高的評價，這更增強了我的信心。在由世界管理協會聯盟和中國國民經濟管理學會聯合舉辦的「一九九七世界管理大會」的分會上，我以「混沌管理研究論綱」爲題發言，介紹了我的博士論文的主要內容，受到與會專家的關注和好評。

本書起始於對中國傳統管理思想和管理文化的討論。這與它名爲《混沌管理》並不矛盾。這是因爲：我認爲中國傳統管理就是一種混沌管理，而這種傳統與整個中國文化傳統是緊密結合的，因而深深地滲透在中國的現代管理中。大陸在向現代化邁進的過程中，並沒有擺脫傳統的影響，並沒有走向民族虛無主義。事實上，在一個半世紀的近代發展中，這種管理傳統隱祕而頑強地影響著從政治到經濟到文化的各種管理行爲。用協同理論的語言說，此稱爲「慢變量支配快變量」。就像我們每個健康的人從一出生起就不可能擺脫某種語言的影響一樣，我們也不可能擺脫我們所處的傳統文化的影響。語言、傳統文化和傳統管理都是變化極爲緩慢的，都是支配著我們現實行爲的慢變量。在這個意義上說，弘揚傳統文化或貶抑傳統文化都不可能產生迅速的效果。現實效果的出現並不源於受到弘揚或受貶抑的傳統文化，而在於這一弘揚或貶抑行爲本身。當把它作爲一種控制過程來加以考察時，這種行爲就是一種混沌控制。

對中國傳統文化與現代化的關係的討論已經持續了差不多一個世紀。不能說這種討論已經窮盡了一切觀點，但最爲明確的一些代表性的說法則早已爲人們所熟知。在最近的二、三十年中，由於東亞地區經濟的全面起飛，對中國傳統文化的研究也爲管理學的熱門課題。必須承認，從韋伯認爲中國儒家倫理不能產生現代經濟資本主義，到凱恩思等把後儒家倫理看作是東亞地區經濟起飛的重要因素，西方在對中國傳統文化的認識上，無疑已經有了相當大的進步。中國傳統文化在西方社會不再被視爲一種完全的落後，儘管在某種程度上還被看作神祕物，但已被認爲是富有內在或潛在的力量的，是與西方社會的科學傳統完全不同的一種文化傳統。隨著西方社會批判的日益深入，西方社會傳統的偏頗逐漸被揭露，東方傳統文化的魅力越來越爲西方人所嚮往。

與西方社會的科學傳統相比較，中國傳統文化在本質上是混沌的、模糊的、綜合的、整體的，而以混沌最能代表其特徵。建立在這種文化基礎上的管理也是如此。「水至清則無魚」，這句有名的格言可以看作是對這種混沌性的一個極好說明。對整體效應與環境的認識，對複雜因果關係的認識，對自然界、社會和思維運動的自然自爲的認識，是中國傳統文化和傳統管理的基礎。這些認識，與西方科學的分析方法、理想化方法、實驗方法和定量方法完全不同，甚至與興起時間並不太久的系統方法也不同。

美國學者杭廷頓認爲，東西方文化的衝突是不可調和的。這一斷言有一個根本性的錯誤。文化本來就是人們的行爲和思想的積澱。只有當不同的人們長期隔離，各自局限於自己狹小的生活圈子內時，才會形成各種不同文化之間的差異。現代通訊技術的發展有一個最有利於人類的地方，那就是人們間的交往前所未有地增多和密切了，現代交通也是如此。前衛的或崇尚後現代的人們早已在用「世界村」稱呼我們的同一個地球，在這種情況下，即使人們繼續用閉關鎖國一類極其愚蠢的行爲來限制自己的交往，人類社會的相互交融、甚至最終統一的進程也不會被延遲多久。新文化產生是必然的。儘管差異在相當長的時期內仍不可避免，但卻會大大縮小。而新文化的產生，必將是各種文化傳統的匯合和整析。

「大陸自八十年代進入現代化建設的新時期以來，如何借鑑西方的現代管理經驗，同時又開發自己傳統文化中的思想資源，以形成有中國特色的現代管理思想，是一個十分重要而又亟需解決的問題。論文以一種新的視角、新的方法和新的觀念對中國傳統管理進行分析和概括，提出了許多富有創新精神的深刻見解，可以說是對中國傳統管理研究的某種突破。」這段取自於我的博士論文答辯委員會的「決議書」中的文字，顯然是中國管理學界和哲學界的一些前輩們對後學的鼓勵，體現了他們提攜後學、鼓勵進行創造性探索的態度和精神。只要是以科學的態度和實事求是的精神來從事的創造性工作，哪怕還顯得幼稚和粗糙，他們也會從中發掘出眞正有潛力的東西。

關於傳統混沌管理演變爲現代混沌管理，以及它在企業管理中的作用問題，是需要花大力氣繼續研究的。在這方面，本書所做的工作更顯得不足，可以說僅僅是一個開始。現代企業已經有許多混沌管理的實際經驗。由於時間和資料的限制，本書還多半限於紙上談兵，我希望有機會進一步拓展這方面的研究。

嚴格說來，混沌管理主要是對一種歷史悠久的管理現象的敘述，和對不同於近代科學方法的另一類思想方法的討論，而並不是一種管理的技術性理論。從發展來看，混沌管理應當與現代科學管理結合起來，與反混沌的、清晰的、關係確定的管理理論及其思想方法結合起來。歷史總是對人類的片面性嗤之以鼻。

完善的東西是不存在的。本書並不是一本完善的學術著作，甚至不敢自詡深刻，但本書也不是粗製濫造的產物。她就像生命的自然創造，一種直覺的愛情、一種瞬間的衝動，再加上長時間的孕育，是她的生命的源由。就像嬰兒一樣，我相信她的無限生命力，但我卻不能保證她未來發展的必然性，我也不能保證她對環境的適應。顯然她是幼稚的，但我無法把她培養成熟後才公諸於世。她只有在吸收了社會中的各種營養，並經歷了社會上的種種磨鍊後才能成熟。這不是我一個人能做到的。另一方面，我也需要她來證明自己。過度地追求完美已經使我自己幾乎完全消融在這一過程中，而這對於一個研究者來說是悲哀的。任何思想都會渴求社會的理解，這正是我希望能儘快出版這本著作的原因之一。

我非常感謝我的朋友芮明杰教授，沒有他的支持和敦促，我恐怕沒有信心寫完全書。我同樣非常感謝我的導師蘇東水教授，他的指導和對「混沌管理」這一說法的肯定，使我完成了我的博士論文，從而爲本書奠定了基礎。我也感謝評閱我的論文和參加我的論文答辯的各位教授、研究員，他們對論文的肯定和鼓勵使我有勇氣繼續後面的工作。

目　錄

1 導論

本文的研究是從中國古代管理思想開始的。當我們把中國古代管理思想與西方現代管理思想相比較時，立刻可以發現在兩者之間存在著巨大的差異。對於這種差異的理解，不妨從思想、文化、哲學等多方面考慮。在涉及管理哲學、管理價值觀和管理方法論時，這種差異就變得比較明朗了。與西方強調科學性和規範化管理相比，中國管理是一種「混沌管理」。對此的研究，需要從混沌的涵義開始。

◎混沌的傳統釋義

「混沌」一詞，常易與「糊塗」相混，以至於人們一看到本書標題，也許就以為作者有意調侃或譁衆取寵。爲此，實有必要作一解釋。

事實上，「混沌」與「糊塗」兩詞確實相似、相近甚至相同。「混沌」原意爲天然、質樸，轉義爲混亂、無秩序，若指一般的客觀事物，則易與糊塗相區別。但一旦涉及思想方法，兩者就幾乎一致了。思維的混沌難道不正是糊塗嗎？雖然如此，糊塗未必就是貶義。中國古代名畫家鄭板橋有一句名言：「難得糊塗」，是許多懂畫或不懂畫的人都知道的。清官與贓官、事業發達和無所事事的、眞聰明和眞糊塗的，一概都會以此爲格言，表明自己對中國傳統文化精神或是處世哲學的體會之深。可見，「混沌」雖似更爲哲理化，但「糊塗」卻也並不世俗。最高的哲學境界若稱爲「糊塗哲學」，應當說絕無貶低之意。

「糊塗」的涵義至深矣，「難得糊塗」則又更深一層。

早已有許多理論家闡述過「糊塗」的奧祕。鄭板橋是畫家，「糊塗」說自然首涉國畫理論。國畫較之西洋畫，無論就意境還是技法，均以「糊塗」見長。筆者曾見過成都寶光寺的一幅墨龍圖，果然糊塗一片，僅著墨略有濃淡，極少處透出淺白。然觀之良久，卻於一團糊塗之中突現了一條神采非凡的神龍。蓋從糊塗到清晰，實在需要經過如西方心理學之所謂格式塔變換的過程，中國傳統的說法是意會，「糊塗」正好適合於意會。推而廣之，中國的詩歌、散文、小說、音樂等文學藝術形式，也都以「糊塗」爲佳，文學用詞稱爲「含蓄」。若無含蓄，列爲古典小說之首的也許就不是《紅樓夢》而是《金瓶梅》了。

然而「糊塗」與「難得糊塗」並不僅僅是藝術上的哲學，更多地卻是用在政治上，或是處世上。其實後者大半也是與政治有關的。鄭板橋自己也以「糊塗」來逃避政治迫害。竹林七賢中的稽康死於政治的黑暗，而阮籍整日「酒水糊塗」卻倖免於難。但政治家談「糊塗」卻另有深意。中國歷來有「無爲而治」的古訓，也有以糊塗來收賣人心的豪舉。焚燒從反叛者處查抄出的信件，以造成一片糊塗賬的結果，卻足以使群臣安心，防止動亂；焚燒賬册的「糊塗」行爲，其結果是大得民心。這些都是歷史上極有名的事件。至於如「喬太守亂點鴛鴦譜」之類的糊塗事，更是隨處可見，雖爲小說，其實反映了民心民俗。

由此可見，「糊塗」哲學實是中國思想文化的一大特點。但「糊塗」一詞，用於藝術頗佳，用之於學術研究則頗有窒礙之處。「糊塗」一詞最常見的用法之一是形容人，與聰明相對立，貶義多於褒義。即使是家中掛有「難得糊塗」條幅的達官貴人、文人雅士，若突然斥之以「你這糊塗蟲」，也大半會勃然作色。爲此不如稍加改變，以「混沌」代之爲佳。「混沌」中包含有糊塗的涵義，但若說混沌就是糊塗，作此判定也未免武斷。

「混沌」一詞，最有意思的古代用法見於《莊子・應帝王》：「南海之帝爲儵，北海之帝爲忽，中央之帝爲混沌。儵與忽時相遇於混沌之地，混沌待之甚善。儵與忽謀報混沌之德，曰：『人皆有七竅，以視聽食息，此獨無有，嘗試鑿之。』一日鑿一竅，七日而混沌死。」「混沌」在此處是一人格化的自然狀態，表現純樸自然。按莊子的說法，天地開闢之後，混沌就應該死亡了，其實卻未必。混沌可以爲思維所掌握，莊子的寓言即是一例。《易乾鑿度》的說法比較規範：「氣似質具而未相離謂之混沌」，仍然指的是原始純樸的狀態。有趣的是，現代科學的前沿也觸及到了混沌問題。

但在思維中把握的「混沌」，卻未必有原來的純樸自然。換言之，「混沌」已在思維中異化。《史記・五帝本紀》曰：「昔帝鴻氏有不才子，掩義隱賊，好行凶慝，天下謂之混沌。」這裡的「混沌」，不僅缺少純樸自然，反而頗多了刻意行凶之意。可見「混沌」的意義並不是完全統一的。

然而莊子之「混沌」故事，卻還有其深意。按照研究中國文化頗有心得的英國人李約瑟的看法，鑿七竅表示階級的區分，私有財產以及封建制度的形成。由此出發，李約瑟還進一步將「混沌」氏看作是一種政治體系。這種說法的正確與否，仍然有待研究，但「混沌」氏的死亡確實寓意著某種分化、離析、組合或新結構的產生。在這個意義上說，將「混沌」視爲某種結構體系（文化、經濟、政治或管理的）亦未嘗不可。李約瑟的說法，在一定程度上是「混沌管理」這一提法的先驅。

現代意義的「混沌」，其實包括了混亂、模糊、糊塗、整體化等多方面。在翻譯西方科學所矚目的混沌學中的 chaos 一詞時，人們之所以選中「混沌」，正是看中了它的這一多重涵義。chaos 本意混亂，但又包含了從混亂中再生秩序、在進化中重現混亂的多重涵義，實際上體現了界限的模糊與清晰的對立。另一方面，混沌又有進化發展方向的不確定性的涵義。

儘管如此，此處「混沌」一詞的涵義更多地是著重於其模糊的一面。英語的意譯應爲“fuzziness”，或者主觀性更強的“vagueness”。所謂「混沌管理」則應翻譯爲“vague management”。

以混沌來修飾管理並非隨心所欲或故作驚人之語。西方管理科學化的過程實際上就是混沌管理中理出頭緒的過程。當科學化、規範化從而也是清晰化的進程達到某種程度後，西方管理卻又發現了這一進程的不足，於是提出了人本管理的概念。在某種意義上說，人本管理就是混沌管理。人是一種極其複雜的社會性動物。現代心理學對人的心理狀態的瞭解絕不像現代力學對機械運動的瞭解那樣準確，其中包含了很大的不確定性。建立在這一基礎上的人本管理，其精確性也是相對的，甚至可以說是相當模糊的。

中國傳統的哲學在很大的程度上是提倡「混沌」的，所謂「無爲無不爲」即是一例。就管理哲學或管理觀念而言也是如此。老子曰：「其政悶悶，其民淳淳；其政察察，其民缺缺。」（《老子・五十八章》）翻譯成現代文字，意思是說：管理如果是混沌的，人民就會純樸厚道；而如果管理明確而清晰，人民就會出現大問題。這雖是一家之言，而且政治的理論家和實踐家反對此說法的人也甚多，但其精神卻深深地潛藏在中國管理觀念之中。孔子所謂：「爲政不難，譬如北辰。」（《論語·爲政》）又謂：「導之以禮。」其實都有些「混沌」的味道。

然而起源如此古老的中國傳統管理又並非原始的管理，並不完全類似西方科學管理發展前的狀態。在古代文獻中，尤其在老莊道家文獻中，「混沌」也常與「樸」相關，甚至同義。「樸」者，原始天然未加修飾之狀也。但這與本文所言的混沌管理中的「混沌」不完全一致。中國傳統管理既有其原始的一面，同時又存在著一整套管理理論、管理思想和管理方法，在個人心理、人際關係、組織系統和管理文化等許多方面，都有著極其精闢的論述和實例，不能簡單地以原始與粗糙論之。但中國傳統管理又與現代西方精確化、科學化和規範化的管理明顯不同。中國傳統管理並不著重於微觀管理，而是將微觀管理與宏觀管理予以融合。中國傳統的宏觀管理亦不明確區分社會管理、行政管理、經濟管理、文化管理等等，在管理思想和管理方法上也無顯著的區別。這些都在某種程度上可視作混沌。然而更妙的混沌則在於管理過程之中。中國人常說的「只可意會，不可言傳」，即深得此中三昧。孔子的「民可使由之，不可使知之」（《論語·泰伯》），歷來被解釋爲「愚民思想」。殊不知，這也是「混沌」哲學的重要一環。

一副非常有名的對聯說：世外人法無定法然後知非法法也，天下事了猶未了何妨以不了了之。這副對聯並不代表混沌管理的精神傾向，但這副對聯在中國傳統社會中受到普遍的好評，則反映了中國傳統文化對界限的態度。中國傳統文化的混沌特性包含有對這種態度的認同，混沌管理也不例外。

◎混沌的科學釋義

從現代觀念看，混沌是相對於秩序而言的。隨著科學的發展，科學的視界越來越寬，世界的複雜性已經日漸成爲科學研究的中心。這當然也是科學本身的進步。由於科學認識對象的複雜性、非線性、非均衡、非對稱性、界限的模糊以及諸如此類的特性逐漸被納入科學研究的領域，科學已經進入了一個新的發展階段。在這個新的階段，近代科學所造成的機械決定論的思想方法被打破了，新的與混沌和複雜性相關的科學思想正在形成。而處於前沿的就是有關混沌和模糊性的科學。西方科學中的混沌研究不是本文的主旨，但從中卻可以得到很多啓發。

混沌理論

混沌理論是一門研究混沌現象的科學。嚴格說來，它還只是一門正在形成中的科學。

但是到一九八九年爲止不到二十年的時間內，也已發表了不下五千篇有關混沌的研究論文，近一百部專著和文集。

物理學在研究物理現象時，長期遵循著基本的方法論，即把複雜事物簡化，隔離導致事物變化的多種原因，從而找出在一定條件下對事物影響最大的唯一原因。這種因果決定論的觀點曾經是物理學的基礎。在另一方面，物理學也遵循了另外一個原則，即理想化原則。把現實事物理想化，使得對其所進行的物理研究成爲可能。這也是物理學長期以來所使用的極爲巧妙有效的方法。

但是，隨著研究的發展，物理學家們發現，現實世界並非完全可以用現有的簡單化與理想化方法予以解釋的。事實上，甚至在簡單的力學世界中，已經有了大量用上述方法完全無法解釋的問題。大氣湍流使得氣象預報的準確性降低到幾乎不能容忍的地步。人們半開玩笑說存在著所謂「蝴蝶效應」：今天北京的一隻蝴蝶扇動翅膀，下個月也許會在紐約引起一場風暴。

當物理學家把視野放得更開闊時，他們發現周圍世界幾乎到處存在著混沌。世界是複雜的，而複雜性與混沌同在。原則上可以把社會和文化現象也作爲物理現象加以研究，但絕對不能繼續堅持物理學中的傳統方法論。其原因即在於其中的混沌現象更加讓人捉摸不定。輿論變化、戰爭爆發、通貨膨脹等等是極其典型的現象。

混沌學所取得的成果迄今還是數學上的。有意思的是，混沌學家們發現純粹的決定論性的模型，在計算機上反覆演算卻可以得到非決定論性的或曰混沌的結果。這個結果的啓發性也許比實際作用更大。這也許可以理解爲計算機運行中的干擾。但干擾本身就是存在或物質世界的一個不可消除的特性。人們可以減少干擾的影響，但不可能完全消除干擾。

管理學通常建立在經濟學、心理學和社會學的理論基礎之上，其中較爲精確化的是經濟學。傳統經濟學屬於均衡狀態經濟學，其理論是對於現實經濟狀態相當粗淺的簡單化和理想化的模擬。新經濟學雖然已經開始走向非均衡態研究，但與物理學的複雜性研究相比，仍然有不小距離。管理學涉及經濟、文化、社會、政治、法律、個人心理與社會或集團心理等等因素，其複雜性幾乎無可比擬，其思維方式和實踐方式都有一個需要重新加以考慮和審視的過程。這可能是混沌學最有價值的啓示，管理無法避免混沌。

協同理論

較之混沌理論的原始與粗糙，協同理論就是相當成熟的了。

協同理論是德國物理學家H・哈肯於一九七一年創立的，可以說是他在研究雷射現象時得到的一個副產品，但很快就成爲他的主要學術領域。雷射產生的基本機制就是大量處在同一能級的受激發的原子同時躍躚到同一個較低能級上，釋放出大量具有高度相干性的光子。這是一類基本的協同現象。

協同現象是一種複雜系統的自組織行爲。在協同形成之前，系統可以看作是一個混沌的集合，其中所有的因素（協同理論中稱爲「變量」）都在雜亂無章地相互競爭，此消彼長，事實上，只有極少數變量能夠在競爭中成長起來，而絕大多數變量都在變化過程中迅速消失了。這些迅速發展又迅速消失的變量被哈肯稱爲快變量。而眞正起作用的則是那些緩慢而卻「堅定」地發展著的慢變量。慢變量支配快變量，這是協同理論中最基本的原理，稱爲支配原理，或也翻譯成役使原理。最能說明問題的，並且與管理極有關係的例子是：人受語言和文化的支配。人生來就必須接受某種語言和文化，個人只能服從這種語言和文化。個人是快變量，而語言和文化是慢變量。這不僅是對兩者各自的生命週期而言。

協同理論的另一個發現是自組織的結構的形成可以取決於一種被稱爲序參量的宏觀變量。序參量當然也是慢變量。在協同理論研究中，主要是透過應用支配原理來消去實質上處於混沌狀態的系統中幾乎無窮多的快變量，而以序參量模型代替之，從而大大簡化了數學分析過程，或者簡直就是把不可能轉化爲可能（參看〔德〕哈肯的《協同學導論》，原子能出版社，一九八四年版）。從數學上說，協同理論的近似處理無懈可擊。這種處理很可能意味著混沌與清晰之間存在著某種橋樑。

管理是一種組織行爲。西方的傳統管理作爲科學化的管理，強調從系統外部對系統的壓力，現代管理已經發現管理其實也是管理系統內部的事，因此開始強調人本和人際關係。協同理論發現，在物理系統中的協同作用可以集中難以想像的巨大能量，例如雷射。社會系統中也類似。革命的破壞性和建設性的力量都是無與倫比的。革命正是一種協同行爲。由於協同理論揭示了以控制序參量的變化來控制組織的可能性，混沌管理又多了一項理論支持。

超循環理論

超循環理論是又一個極有影響的自組織理論。

超循環理論是一九七一年由曼弗雷德·艾根提出的，試圖用來解釋在生命起源問題上的一個仍然缺少的環節，即一般的有機分子如何形成具有生命形態的生物大分子。

衆所周知，生物大分子如DNA中包含了生物的遺傳訊息。然而很少有人知道，DNA中還攜帶了大量無用的訊息，其數量遠多於有用訊息。所有這些訊息的來源確實是個問題。超循環理論在解釋這些訊息的形成機制時是非常成功的。超循環理論認爲，生物大分子是透過超循環結構形成的。超循環是循環的循環，它的每個單元是可自複製的，因此超循環即是具有自我複製行爲的循環。每個單元的複製產物則成爲下一個單元的反應物。由於複製總是可能產生錯誤的，而只要這種錯誤不是很大，超循環結構就能予以接受，並透過整個循環固定下來。如此一來，錯誤就改造成了訊息。由於超循環結構是可以逐步放大的，因此，小分子就逐漸成爲大分子，訊息也在這一過程中逐步積累下來（見上圖）。至於這種訊息在生物大分子中究竟起什麼作用，則依賴於生物的整體結構及其環境了（參看〔德〕艾根的《超循環理論》，上海譯文出版社，一九九〇年版）。

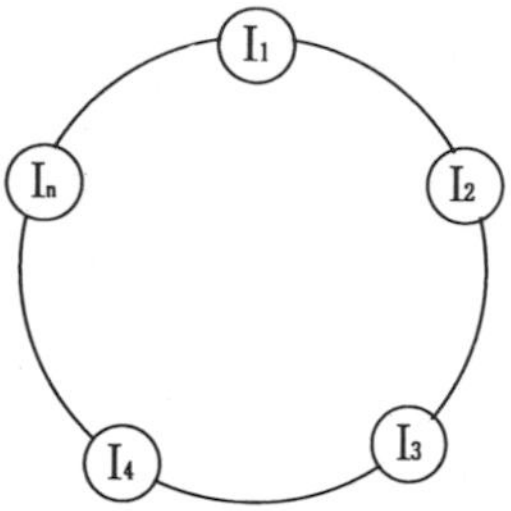

由此可見，超循環理論其實是把生物演化中發生的偶然事件納入了整個演化的必然過程中去了。用哲學的語言說，演化是偶然性與必然性的結合，必然性寓於偶然性之中。

超循環理論並非只是一個生物化學理論。就其意義而言，它對於社會和文化的發展尤其重要。文化的積累，或者更準確地說是文化訊息的積累，正是一連串錯誤透過超循環鏈而固定的結果。這裡的「錯誤」一詞不應按通常用法作簡單的理解。錯誤是指複製過程中複製件與原件的非同一性，即複製過程中的改變。一種古老的風俗很可能起源於過去時代的滿足人的需要的行爲。由於物質條件的變化，這種行爲早已不再必要，因而在現實中演變爲某種不可理喻的舉動。另一種類似的舉動則可能源於過去的經驗，然而卻在傳播中發生了很大的突變。突變後的舉動已不再對實際過程有效，但變成了民風民俗。暫時的、偶然的經驗只要條件適當，也同樣可能成爲文化沉澱。至於因社會地位的原因而造成的文化事實，更有助於對超循環對「錯誤」的確定提供理解的範例。例如，中國歷史上唯一的女皇帝——唐朝的武則天，爲自己的名字創造了一個日月行空的字「曌」，即使沒有實際用途，卻也成爲中國文字的一個組成部分。梁漱溟說：「其實文化這樣東西，點點俱是天才的創作，偶然的奇想」若就文化訊息的創造過程而言，確實是不錯的。當然，其中像「天才」這一類字眼，也須作中性的理解才行。

超循環理論在兩個方面對「混沌」是這樣理解的。

第一，錯誤與正確的界限模糊了。文化本身很難說是正確的或是錯誤的。文化是變異的積累。如果說反映過去時代的風俗習慣已經過時了，而現代仍然予以保留是一種錯誤，那麼，在這種風俗習慣的流傳中所形成的民族內涵卻只能是正確的，甚至可以說是保存民族性的必需。類似的錯誤一旦消除，伴隨的將是民族個性的消失。

第二，發展有待於「錯誤」的出現。只是在通常情況下，發展中的「錯誤」被另一個富有激勵性質的詞彙「創造」所代替。事實上，大量的所謂「創造」並未被接受，而在發展中被淘汰了，正如同「錯誤」的命運一樣。發展並非簡單的重複，並非規範的精確執行。一個民族若要發展，就必須改變歷史傳統所延續的某些東西。

綜合言之，如果將以上兩項予以結合，那麼進步與保守的矛盾就是可以接受的，雖然並不那麼容易解決。

組織目標的實現必然包含有某種發展，同樣不能是簡單的重複。但組織又必須保持自身的穩定性，而這種穩定性是建立在某種規範的基礎上的。換言之，科學管理的規範化要求面臨著與管理目標的矛盾。這種矛盾的解決最終是以犧牲管理的精確性、規範性爲代價的。

模糊數學

數學歷來被認爲是高度精確、嚴密的。著名物理學家、量子力學的創立者之一海森堡把高度依賴數學的理論物理學稱爲嚴密自然科學。但是從一九六五年開始，模糊數學的概念被美國科學家L・A・扎德引進了科學。

人們之所以引入模糊數學是爲了解決數學與現實世界的脫節。理論上，現實事物可以被賦予任意精確度的測量，但事實上卻並無可能。另一方面，現實的認識又不能接受或不需要這種精確的界限。例如，對於高和矮、胖和瘦等，不同的人們觀念明顯不同。換言之，界限具有相對性。

模糊數學用隸屬度的概念來解決模糊處理的問題。同一樣事物，可以同時屬於兩個對立的類別，但屬於它們的程度不同，這就定義了隸屬度。判斷事物的歸屬，用隸屬度的某一閾值來確定，而不是直接由事物本身的相應測度來確定。這是模糊數學的基礎。如果一項決策，獲利五〇%的可能性爲二〇%，而獲利一〇%的可能性爲七〇%，人們就可以根據可能性對之作出判斷。隸屬度究竟應該多少就可以作出判斷，這個值就是閾值。但閾值本身卻要根據經驗和需要確定。

模糊數學的創立，使數學進入了一個全新的世紀。人們開始能夠有效地處理與人的認知相關的數學問題，或者說能夠有效地用數學方法解決與人的認知相關的實踐問題。模糊性至少在模糊數學的建立過程中是與人的認識聯繫在一起的。至於模糊性是否是自然界的一般屬性，則完全還是一個尚未解決的科學問題，或是一個哲學問題。

管理顯然是一個涉及人的心理和認知的領域，用模糊數學來處理管理問題已經不是什麼新鮮事了。例如，用模糊數學來解決質量控制問題。這可以是另外一篇大文章的主題。

但模糊數學給予我們的啓示卻極爲豐富。僅僅其處理方法的基礎就足夠令我們反覆斟酌。在模糊的背後，實際上還存在著精確的支持。說穿了，在表面歸屬看來模糊的地方，其隸屬度的閾值之處理卻是足夠精確的。這很可能是物質的一般屬性。太陽的圓面看上去那麼清晰，然而你能在太陽系中眞正確定太陽光焰的一個精確到以米來計算的界限嗎？

混沌管理的背後也存在著精確性的支持。混沌也可能只是一種表象。混沌管理的有效性顯然不能離開清晰認知的背景。更重要的是，混沌很可能是與人的認知相關的一種特性。這在更大程度上支持了混沌管理包括了人本管理的觀點。

灰色系統理論

不光是國外的科學研究對混沌問題的研究日趨重視，大陸的學者也提出了各自的理論。其中比較重要的是鄧聚龍的「灰色系統」理論。

灰色系統理論認爲，對於諸如社會、經濟、農業、生態等系統，由於作用原理不明確，因素難以辨別，因素間的關係曖昧，行爲特徵難以確切瞭解，訊息完備性難以判斷等原因，人們所建構的模型只是客觀系統的某種代表，這類系統就被稱爲灰色系統。事實上，灰色系統正是具有明顯的混沌特徵的系統。

必須指出，科學中幾乎所有有關混沌的研究，都有著相似的目的，就是試圖透過對混沌的考察找到其中的秩序性，誠如鄧聚龍在《社會經濟灰色系統的理論與方法》中所說：「儘管系統的訊息不夠充分，但作爲系統必然是特定功能和有序的，有某種外露或內在規律的。另外像隨機量、無規則的干擾成分、雜亂無章的數據列，……並不認爲是不可捉摸的，而是能夠整理出規律的……」這實際上是科學的信念。科學從混沌中找到有序和清晰，找到規律和確定性，以及因果關係。

如果按照這一理論，管理系統一般而言都是灰色系統，只是程度不同。管理系統中的因素關係、行爲特徵、作用原理等等，都與鄧聚龍所界定之「白色系統」的特性相異。在這個意義上說，混沌管理也可以稱爲「灰色管理」，但兩者之間的差別還是很明顯的。

◎混沌管理的現代管理學釋義

現代管理學是從科學管理開始的。科學管理的主要成就是把自然科學的方法引進了管理之中。這對管理的現代化有重大的促進作用。但是，科學管理的規範化、精確化（數量化）、最適化的要求很快就遇到了挑戰。

人本管理

科學管理理論的最大挫折是人文管理或人本管理理論的提出，這在相當大的程度上使現代管理剛從原始管理中脫身再度走向混沌管理。當然，這只是現代管理的一個插曲。主宰西方思維方式的科學思想，並不那麼容易消逝。更何況，科學本身所具有的開放的、革新的精神，科學正在不斷擴大的視野（包括對複雜性和混沌的研究），以及科學方法的改進，正在形成科學的思想、方法與人文的思想、方法的相互交流。而科學技術不斷革新的物質工具（如計算機迅速的升級換代和網際網路的發展），又使科學研究的速度和精確度不斷提高。這使得原來不可能的訊息傳遞和處理成爲可能，從而大大提高了現代科學在處理複雜事物和過程時的能力。

科學管理在規範化、精確化、最適化方面的要求，是對近代科學方法論的遵從。但是，由於管理中涉及了人的因素，涉及管理者與被管理者都是人的問題，科學管理的方法論不能不受到挑戰。問題在於，在人的參與下，科學管理的規範化、精確化、最適化的要求能否繼續遵守？在複雜的關係中，規範化、精確化、最適化的要求是否合理？

「霍桑實驗」作爲管理思想發展過程中的一個重大事件早已被寫入了諸如「管理思想史」或「管理學概念」之類的教科書。根據梅堯的敘述，「霍桑實驗」的最初研究完全是一項科學性質的研究，用來確定諸如照明度之類的環境因素對工作效率的影響。這樣的研究具有明顯的近代科學方法論的特徵。這項研究最初看來是完全失敗的。因爲實驗結果不僅未證明工作效率與照明度的相關性，而且實驗人員甚至不知道如何解釋這樣的實驗結果：不管照明度如何，甚至在照明度降低到接近於月光的程度（精確地說是〇・〇六呎燭光）時，試驗組和對照組的產量卻都是上升的。研究人員改爲對其他因素（包括工資報酬、休息時間、工作時數的長度等各種可能影響工作效率的因素）進行試驗，其結果只是更令人困惑，甚至連取消試驗組工人的優惠條件，都未能停止工作效率的進一步提高。

一旦開始新的試驗，梅堯等人的工作就已經脫離了科學管理的軌道。霍桑實驗的後續研究試圖找到影響工人工作效率的原因。實際上，這是在從確定的方面尋找不確定因素。

這是一項極易走入迷途的工作。但是梅堯他們成功了。霍桑實驗所發現的人際關係在工作效率上的作用，就好像科學家發現光合作用從而解開了植物生長之謎一樣。霍桑實驗所帶來的效果是人們似乎已完全不能依靠那種帶有高度精確性的定量的操作，因爲存在著大量雖然也有某種確定性但卻令研究陷入混沌狀態的因素。其中最主要的是：人際的和諧關係在怎樣的程度上影響工作效率？

霍桑實驗的結果是建立了一種新的管理理論，即人際關係理論。但是，如果從方法論角度看，那麼霍桑實驗實際上是對科學管理方法論的否定，同時伴隨著價值觀的變化。對管理思想史的討論往往著重於價值觀，而忽視了方法論問題。然而，價值觀在應用到那些具體程序之中時，也就變成了方法和方法論。價值觀與方法論是統一的。

在霍桑實驗之後，原來那些被忽略的問題凸顯出來。在近代科學的方法論中，研究對象是具有嚴格規律的、被動的客體。對研究主體的行爲，對象只表現出一定的被動反應。然而，突然之間，這種嚴格的機械式的關係被突破了。客體有了自己獨立的性格、獨立的意志、獨立的行爲方式，這使科學管理的方法論受到了嚴重的打擊。管理的對象究竟是什麼？是物還是人，或者人也不過是被動的物的一種？管理思想史的研究把泰勒的人性假定看作是「經濟人」假設，即認爲在管理活動中的人是完全受經濟利益趨動的人。需要說明的是，在經濟人的假定中，人在經濟活動中似乎是完全理性的，總是在追求著最大的經濟利益，如同對企業的假定一樣。在科學管理方法論中，人的行爲是如物一般的完全被動與完全理性的結合。即人的行爲是被動反應與主動選擇的一致性結果。但是，在霍桑實驗之後，人的因素被發掘出來了。管理者突然面對了一個微妙的人際關係問題。人不僅是理性的，有時還是非理性的。或者更精確地說，人是理性與非理性的結合。人除了理性之外，也存在感情，存在相互依存的需要，並且非常容易放棄經濟利益而屈從於人際關係、道德和感情。

怎樣評價霍桑實驗雖然是管理思想史上爭論不休的問題，但這對我們並不重要。重要的是人們最初的問題無法不從潛在的管理方法論著手。霍桑實驗引進了因果關係的混沌。按照科學管理的方法論，在適當的隔離條件下，人的行爲應當與其環境中的某一因素形成一一對應關係。然而霍桑實驗的結果卻發現這種對應是很難成立的。我們現在還不能說這是一個有機的過程或類生命的過程，但這一過程卻並非決定論的。外部傾注的任何動力都不能簡單地使人的系統按照外部要求啓動和變化。這個過程猶如給牛吃草卻擠出了牛奶，或餵之以美食而得到的是無用的排泄物。用現代科學的語言說，這是一個非線性的過程。

對霍桑實驗有很多批評。實際上，霍桑實驗結果的整理仍然是帶有近代科學方法論性質的，並且受到了同樣的方法論的批評。霍桑實驗的眞正意義在於它引起了管理學對人的重視，並且對決定論性的近代科學方法論予以極其有力的衝擊。

霍桑實驗的結果表明，管理過程的確定性程度遠遠不如科學管理方法論所設想的那麼嚴密，管理既有其確定性的一面，也有其不確定性的一面。對人的管理與對物的管理是不同的，需要有不同方法論的假定。

但是霍桑實驗本身的結論卻造成了管理學的另一種流派，即人際關係理論，也可稱為人群關係理論。（編按：台灣稱為人群關係理論）廣義地使用時，人際關係一詞優於人群關係。人際關係相對而言沒有明顯的理論傾向，而人群關係則已指明了人是結為群體的，其關係自然也限於結為群體的人。但這只是在漢語中的語義差別。人際關係理論強調管理控制在一定的人際關係中轉化為內部的動力。

嚴格說來，人際關係理論所提供的方法是沒有確定的意義的。某種既定的人際關係並不能產生確定的效率結果，正如霍桑實驗中某種既定的照明強度並不帶來確定的生產效率一樣。但在實際上，如果能嚴格控制條件，照明與生產效率的關係要比人際關係的效果確定得多。人際關係理論只是把一種新的方法論帶進管理學中，這就是管理的非確定性。在梅堯等人看來，確定的管理控制透過被管理者的小團體而起作用。

梅堯的工作只是一個開始。馬斯洛的需求理論和麥格雷戈的Y理論等構築了現代激勵理論的基礎。「需求層次論」具有某種機械論的味道。人的具體需要顯然要複雜得多，而且也並不完全按照需求層次的規定，即在低一層次的需要得到滿足之後才會出現高一層次的需要。這迫使馬斯洛不得不修改自己的理論。另一方面，對人性和人的需要的理解畢竟只是一種假定。這些理論進一步把對個人的管理推到了前沿，人性的Y假定實際上導致放鬆對個人的管理，而聽任個人的發展。Y理論與中國古代「性善可塑論」有相當接近的方面。但是莫爾斯等人對需求理論和Y理論的實證研究表明，Y理論的管理效果是不確定的，對人性的假定具有片面性。合理的人性假定是「複雜人」假定。所有繼續發展所得出的激勵理論都面臨著人的複雜性問題。這一問題中包含的混沌管理的涵義是顯而易見的。

人本管理以外的混沌思想

理代管理的主要特點包括了規範化、最適化和數量化。現代管理理論至今還未見到對數量化提出異議的。事實上，數量化和數學化還常常成爲衡量一門學科是否成熟或是否屬於科學的標準。例如，不久之前，人們還對經濟學是否科學作過討論。但規範化和最適化則受到了空前的挑戰。

賽蒙最早考察了最適化決策思想的不足。賽蒙認爲，科學管理要求管理決策的客觀理性，但實際行爲卻明顯缺乏這種客觀理性而只有有限理性。

他指出：

(1)按照理性的要求，行爲主體應具備關於每種抉擇的後果的完備知識和預見。而事實上，對後果的瞭解總是零碎的。

(2)由於後果產生於未來，在給它們賦以價值時，就必須憑想像來彌補其所缺少的體驗。然而，對價值的預見不可能是完整的。

(3)按照理性的要求，行爲主體要在全部備選行爲中進行選擇。但對眞實行爲而言，人們只能得到全部可能行爲方案中的很少幾個。

賽蒙的論證非常有力，他的論點很快就被人們普遍接受了，《行政行爲》一書甚至使他獲得了一九七八年的諾貝爾經濟學獎。其中的玄機在於賽蒙揭露的是一個具有普遍性的問題，是西方微觀經濟學的弱點之一，也是科學管理思想中的主要弱點之一。西方微觀經濟學在量化經濟因素時不加批判地襲用了科學研究中的理想化方法。然而這種方法即使用在自然科學中也只是對實際情況的近似的模擬，或者用哲學的語言說，是客觀事物的並非完全客觀的主觀反映。正因爲如此，當科學發展到有了更加精確的測量方法時，這種近似的模擬就不夠用了。而在社會科學中，這一方法從來就不是一種合適的方法。經濟學所研究的因素要複雜得多。要素的簡化、要素的變化範圍的限定與近似、要素間相互關係的限制等等，不能不影響到研究結果與實際情況的距離。複雜性的現實需要的不是理想化而是現實性。

管理結果要求條件的最適化，這是人的實際行爲所不可能達到的極限。賽蒙論點的最精闢之處正是解決了理論與現實之間的矛盾，但這卻是以理論犧牲其精確性爲代價的。理論從此走進了混沌。賽蒙的「滿意」概念就是一種混沌概念。用滿意來取代最適化並不是一個令人「滿意」的答案，儘管賽蒙的觀點確實具有莫大的影響。滿意本身的標準是可變動的，一五%的利潤是可滿意的，而一・五%的利潤也是可滿意的，標準取決於對滿意的認識或心理取向——「情人眼裡出西施」。

在賽蒙之後，關於最適化的問題似乎已經解決了。滿意度代替了它。而賽厄特和馬奇除了同樣支持滿意標準外，還提出了企業要以現實爲前提進行決策。當企業景氣時可以取得超過滿意標準的成果。這部分成果即是組織寬鬆（slacks）。決策要利用這部分組織寬鬆。同時，他們還認爲企業組織的目標是由衆多的目標組合起來的複雜物，可以看作是組織成員之間交易的結果。賽厄特和馬奇實際上進一步肯定了決策中的不確定性與混沌。雖然他們的分析，從目的來看，仍然是爲了管理的更加清晰化。

如果說賽蒙的研究導致了最適化的失效，那麼權變管理和經驗管理則是對規範化的挑戰，雖然它們的這種挑戰遠遠沒有對最適化的挑戰那麼成功。從方法論角度看，權變管理和經驗管理都是反對規範化的，至少反對管理方法上的規範化。權變管理提出對不同的環境、領導者、技術、組織類型應當採取不同的管理方式。這種方法並不帶有混沌的特性，反而具有相當嚴謹的科學作風。而經驗管理就不同了。當杜拉克宣稱「管理是一項實踐而不是一門科學，它不是知識而是行動」時，規範化至少被部分地放棄了。

杜拉克在美國的影響不斷增大，其中很重要的原因是他強調創新（如在他的專著《創業精神與創新——變革時代的管理原則與實踐》中）。創新本身就意味著對規範的修改和革除。而創新過程中所經歷的變化和無序，正是直接意義上的混沌。

應當說，西方管理思想和管理理論中出現的與混沌和混沌管理相關的觀點，仍然具有強烈的科學方法論的背景。基本的科學精神在這些研究中仍然是表現得非常充分的。這些與混沌有關的思想，只是揭示了一種關於中國傳統的混沌管理的合理性的間接證明。即使在科學技術充分發達的今天，人類也仍然面臨著大量複雜的、無法用簡單與確定性的方法予以解決的問題或對象。

混沌和混沌管理不是人類非理性或愚昧的代名詞，而是一種思維方式，一種管理哲學和管理方法論。事實上，本書將要說明的是，混沌管理是在中國傳統的思想文化的基礎上產生的，是適合於中國古代的社會狀況的。混沌管理與穩定的價值觀相結合，在維護中國傳統社會結構的穩定中有著重大的作用。而這種穩定作用對於強調發展的現代世界來說也不是毫無價值的。

混沌管理的涵義

前述科學中的混沌理論，揭示了一種重要的現象，即現代科學在其充分精確化的過程中，已經認識到了精確化的代價。科學已經向認識世界的複雜性邁出了一大步。現實事物的界限並不是那麼清楚的，其中存在著的混沌不僅是開天闢地時的存留遺跡，而且也是事物本身發展過程的需要。作爲實踐過程的管理，必須重視界限的模糊，重視混沌管理方法論。與此同時，現代管理學實際上也在向混沌管理尋求支持。

但是，科學在幾個世紀中形成的決定論、分析方法、還原論、對概念和過程的清晰化要求以及數量化方法等等，並不會輕易退出歷史舞台。這不光是因爲這些觀念和方法已經產生了爲人們所熟知的極其豐碩的物質成就，而且還在於這些物質成就本身已經證明了科學觀念和方法所具有的容量極大的眞理性內容，以及具有與人類對世界的認識本性相符合的正確方法。這並不僅僅是傳統。儘管如此，科學並不是人類活動的一切。科學在認識自然界的活動中的成功，並不表明這種方法應該並且可以照單全收進人類的其他活動，例如經濟活動中。即使存在某種適用性，這種觀念、思想和方法至少也要作某些改變。

透過以上考察，混沌的涵義已經有所澄清。混沌對應現實事物的複雜、無序或混亂，而在思維中，混沌在更大程度上反映了界限的模糊。在混沌這一概念基礎上產生的混沌管理，顯然帶有這方面的特性。但是，混沌管理並不是簡單地把管理變爲混沌或混亂，管理的混沌完全是另一個概念。管理的混沌已有不少人提出過。有人認爲，管理的混沌可以導向更大的創造性。余長根提出的「創造型混沌」，也有類似的意思（參看余長根的《管理的靈魂》，復旦大學出版社，一九九三年版）。余長根的管理混沌是個很有意思的概念，但他的管理混沌實際上就是管理混亂，是管理過程中的某個階段，與本書提出的混沌管理有根本性的區別。

那麼，混沌管理究竟包含些什麼，或者說，混沌管理的內涵和定義究竟如何呢？這需要另作詳細論述，而這種論述是本書的主要內容之一。

簡而言之，混沌管理是中國傳統的管理哲學、管理方法論和管理模式，同時也是對一種管理歷史的描述。混沌管理是整體論的宇宙觀、方法論與管理上的組織人本主義哲學相結合的產物。它與西方自科學管理以來的主要管理路線的基本區別在於，後者建立在一種不斷發展的規範化、確定性和科學方法的基礎上，而混沌管理則要求有限的規範、模糊的界限以及人文和人倫（人際關係）的方法。正因爲如此，混沌管理成爲一種極有特色的管理哲學和管理方式，在中國施行了兩千年而經久不衰，成爲一種文化沉澱。

不僅如此，從發展意義上看，混沌管理也是現代管理的一個新階段。現代管理思想已經出現了科學管理與人文管理的兩條路線。這並不意味著科學管理失去了其生命力。恰恰相反，由於人文管理的挑戰，科學管理隨著科學技術的進一步發展有可能變得更合理。科學和人文的界限並不是絕對的。人類的進程與一切事物的進程一樣，合於否定之否定的規律。合理的思想維方式與管理方式應該是科學與人文的結合。混沌管理正是要促進這種結合。混沌管理並不排斥規範、界限、定量和技術方法，而只是提出，這些東西都不是絕對的。在充分考慮人的因素，充分理解事物的模糊性、不確定性的基礎上，科學技術方法的應用才會更合理。

美國的企業管理從泰勒以來，重視確定性、定量化，重視組織的硬結構，這是眾所公認的。但在近年來，企業管理的整體發展有承認不確定性，承認模糊與混沌的趨勢。在技術、科學、管理等名詞前加上修飾詞如軟、柔性、含糊、混沌等，都表明了這樣一種傾向。但是，軟、柔性、含蓄等詞仍然包含有界限明確的邊界，而現實事物則既有存在明確邊界的，也有不存在明確邊界或根本就無邊界的。當科學向複雜性世界進展時，對邊界的確定可能就是一種障礙。管理也是如此。存在邊界是便利的，但是經營管理的發展有時就是突破邊界。中國大陸曾經在社會主義與市場經濟之間爭論了很久，在國有企業與股份制企業之間爭論了很久，而現實的解決方法就是突破界限。混沌管理在歷史傳統上是承認界限的，但又並不完全僵化這種界限。

應當承認，混沌管理很容易導向管理的混沌。但管理的混沌並不是絕對的壞事，至少管理混沌對管理規範性的破壞，給新的創造提供了機會。而在變革的社會中，創新則是時代的特徵。

我們對世界的瞭解實在是非常有限。在有限中把握無限是一個哲學問題而不是管理問題。不確定性要轉化為確定性是一個非常漫長的過程。就管理的實際可能性而言，永遠不存在絕對的確定性或必然性。由此可見，研究混沌管理不僅是合理的，而且在某種程度上說還是非常必要的。而中國傳統管理在這一方面完全可能提供極有建設性的意見。

混沌管理作為一個新的概念，可能會使許多人感到陌生。但在西方，很多管理的或非管理的理論都已在諸如偶然性、不確定性、非線性、非均衡、隨機性、權變、經驗主義、變幻莫測等名詞中抽象出了混沌的特徵。在當今社會的飛速發展中，混沌和混沌管理的概念很可能最深刻地體現了現時代的本質。

2 混沌管理述略

對中國傳統管理討論的熱潮早已非止一日。自弘揚優秀傳統文化的風起，中國古代的儒、道、法、兵、農等諸子百家的語錄就已被篩選了一遍。從「旱則資舟，水則資車」（《史記・貨殖列傳》）的經營策略到「知彼知己，百戰不殆」（《孫子兵法・謀攻》）的訊息方法，從「道之以德，齊之以禮」（《論語・爲政》）的管理方法論到「終身之計，莫如樹人」（《管子・權修》）的人才培養觀，無不成了管理者耳熟能詳的格言。

但是，中國傳統管理在兩千多年中已經形成了自己的模式、風格和歷史，明顯異於西方現代管理。如何理解這種差別，如何認識中國傳統管理，會有各種歧異的看法。混沌管理正是對中國傳統管理的一種理解。

◎混沌管理的管理哲學：組織人本主義

混沌管理是建立在中國傳統管理哲學的基礎上的。中國的傳統管理哲學與西方的管理哲學相比，除了將要詳細討論的混沌管理方法論之外，其主要特色就是：中國傳統管理哲學基本上是一種穩定的管理哲學。它主張穩定，尋求穩定，並且以自己特有的方法保持穩定。中國封建社會維持了兩千年之久，與這種管理哲學的影響關係巨大。正確對待這種管理哲學，以期在目前社會急劇變動時保持清醒，取得優勢，是管理界與學術界共同的話題。

在近幾十年中，由於華人經濟圈出現了爲整個資本主義世界的經濟發展速度所不可比擬的經濟奇蹟，中華文化在世界管理學界引起了相當的震驚。赫爾曼・凱恩、彼得・伯格等研究者提出了各種不同的概念，試圖解釋這種現象。這些解釋不約而同地涉及到了儒家文化。有的論者甚而把這種現象完全歸功於儒家文化。應當承認，儒家文化是中華文化在思想理論方面的主體，兩者在有些情況下可以互用。

另一方面，西方管理思想正日益向人本主義靠攏，人本管理成爲一種時髦。而在西方思想界吸收東方古代智慧的過程中，中國管理哲學被改造或被理解爲一種人本主義的管理思想。這種理解實際上源於中國古代管理文獻中豐富的關於「民本」的論述。

但中國傳統的管理哲學並非一般的人本主義，也並非如某些論者所認爲的民本主義。以儒家爲主提出，並在實際上爲諸子百家所普遍接受的，是一種綜合考慮組織與個人關係的特殊的管理哲學。它把組織的穩定性作爲管理的基本目標，同時又承認組織的基礎是人，組織的穩定依賴於人。因此，管理的基本點是人。與此同時，它又把組織的穩定性目標超越於個人之上。這樣一種複雜的關係認定，構成了中國傳統管理哲學的基礎。

人本主義、民本主義與組織人本主義

在討論儒家思想對現代管理的影響時，一些人認爲西方管理在經歷了科學管理的無視人的物本主義管理哲學後，正在向以人爲本的管理哲學發展，而這種以人爲本的管理哲學即來自於中國傳統的管理思想。這一說法也許能使中國人感到驕傲，但從學術角度來看卻是錯的。

首先，西方管理思想中的人本主義植根於西方自身的社會文化環境和價值觀念上，並非是由東方的人文土壤中移植過去的。西方人本主義思想源自文藝復興時期，與資產階級在政治上的興起完全呼應。西方人本主義強調從人本身出發去研究自然界、社會和人與人的相互關係，是以人爲出發點和中心的哲學理論。現代西方哲學中的存在主義、佛洛伊德主義、基督教哲學的人格主義，以及西方馬克思主義的許多流派，構成了現代社會的人本主義思潮。這些思想流派雖形態各異，但都強調以人爲中心。在如此強大的人本主義思潮面前，西方管理思想向人本主義傾斜是毫不奇怪的。客觀地說，就傳統而言，西方的人本主義思想較之中國要濃厚得多。

其次，西方管理思想的這種變化正如同西方思想的其他變化一樣，體現了一種從分析向綜合、從元素研究向系統研究的進化，用哲學語言說，體現了辯證的復歸。而這恰恰是東方思想中缺少的。東方哲學的整體論特徵從未有很大的變化。

尤其值得指出的是，西方人本主義把人的本質視作人的個體的獨特個性的表現，強調人的個體的存在，因而所謂以人爲本也即以個人爲本。現代以人爲本的管理也完全體現了這一思想。如W．G．斯科特提出的「工業人道主義」，就把恢復個人在工作中自我實現的機會作爲目標。儘管人本主義管理流派紛呈，但大多與此目標接近。以西方人本主義來概括儒家管理理論的本質顯然是不妥當的。

那麼，中國傳統管理思想中有沒有可以被稱爲人本主義的東西呢？對於這個問題，可以換一種方式討論。

只要大略翻一下傳統文獻，就可以發現大量以「民本」爲主題的論述。諸子百家都有，而以儒家爲多。擇其要者如「民惟邦本，本固邦寧」（《尚書・五子之歌》），「民爲貴，社稷次之，君爲輕」（《孟子．盡心下》），「天之生民，非爲君也，天之立君，以爲民也」（《荀子．大略》），「聞之於政也，民無不爲本也」（《賈誼新書．大政上》），「民者國之本也」（《淮南子．主術訓》）等等。有人據此提出了民本主義的概念。必須承認，較之人本主義，民本主義對中國傳統管理理論本質的描述要貼切得多。

但是，民本主義並不能完全概括中國傳統管理哲學的本質特徵。民本主義只是揭示了管理組織的層次性關係（這種關係可以說是一般管理組織所共有的），但並未涉及到中國傳統管理理論之所以爲西方學者所特別看重的「人本」的方面，即與個人相關的部分，並且也與「人本」管理的實踐無關。作爲管理組織，下層組織顯然是上層組織的基礎，即所謂「本」。「民本」在這個意義上說，只是表達了「民」作爲整個社會組織系統的基礎這一涵義。不可否認，中國傳統管理哲學尤其是儒家管理思想中的「民本」味道很重，「民本」也確實在某種程度上表達了儒家的一個重要觀點，但民本主義卻並未涉及到管理哲學最爲精要的部分。

中國傳統管理哲學所提出的是一種綜合考慮組織與個人關係的特殊管理哲學，筆者稱之爲「組織人本主義」。組織人本主義包括了民本主義的基本方面，而又有著民本主義所不具備的更爲豐富的內容。組織人本主義把管理的基本目標確定爲組織的穩定性，而這一穩定性又建立在作爲組織基礎的人之上。組織的穩定依賴於人，人是構成組織的基本要素。因此，管理要維護人，管理行爲必須直接作用於人。與此同時，組織人本主義又把組織的穩定性目標超越於個人之上，任何個人均必須服從組織的穩定性目標。這樣一種複雜的關係認定，就是筆者所謂的組織人本主義。

根據現代管理理論，管理的根本任務就是達到組織的目標。中國傳統管理思想的管理目標是維護「天下」這一最大的社會組織的穩定性。這在儒家思想體系中表現尤其突出，這也是儒家素來被認爲帶有政治保守主義傾向的原因。《禮記・大學》完整地論述了儒家「修身、齊家、治國、平天下」的主張，後儒乾脆將此單獨抽出作爲綱領和理想。這四項中最根本的目標是「平天下」，而把「平天下」解釋爲維護「天下」的組織穩定性是最妥當不過的。必須指出，這一穩定性目標在先秦儒家文獻中也是明確的。孔子的「君君，臣臣，父父，子子」（《論語・顏淵》），著重於使組織的等級制體系中的結構要素保持穩定；孟子的「民貴君輕」說，著重於組織系統的基礎。兩者著眼的角度不同，但其目的則都是維護組織的穩定性。荀子的「王」、「霸」之論，更不必說只是維護組織穩定性的方法之說，組織穩定性目標早已是前提了。

但組織人本主義又有其著重於「人」的一面。《禮記・中庸》曰：「仁者人也。」《孟子・離婁下》曰：「仁者愛人。」這裡的「人」與「民」顯然有所不同。雖然「人」、「民」常連稱，但「人」與「民」各自的涵義卻有很大區別。「人」既是類的集合名稱，同時又可以用來指個體，《中庸》中所謂的「人」在很大程度上還指的是人際關係。「民」只是人群的一般稱呼。在儒家的管理哲學中，「民」還有其特定的涵義，即組織起來的民衆，或有組織的人。組織人本主義的特色的一方面則是它也重視個人，並把管理的重點放在對個人及其相互關係的控制上。這我們還將在後面討論。

組織穩定性目標

以組織穩定爲目標，是整個中國傳統管理哲學的主題，也是中國傳統管理哲學的組織人本主義的主題。中國知識份子歷來把「修身、齊家、治國、平天下」作爲自己的最高目標，其中除了修身是對組織的基本要素而言以外，其餘三者均係對組織的穩定性而言，區別在於各自的作用層次不同。家、國、天下是社會性組織的三個等級。齊、治、平三者，方法、手段或略有不同，而其實質則無非是維持各級組織的穩定性目標。

頗有意義的是，儒家還特別強調修身。這顯然是儒家思想的一大重點。組織是由基本要素構成的，人類社會中的組織的基本要素只能是人。修身的作用是試圖從根本上解決組織的穩定性問題。

「修身、齊家、治國、平天下」的完整論述首見於《禮記・大學》。史家以爲此書係漢人所著，且此書的要義還在「明德」，但後世儒家則把「修身、齊家、治國、平天下」

單獨抽出作爲綱領。由此可以明顯地看到組織穩定性目標發展的線索。

必須指出，組織穩定性目標在先秦儒家文獻中是明確的，孔子的「君君，臣臣，父父，子子」（《論語・顏淵》）就是一例。對孔子此語，歷來釋義只從「君、臣、父、子」的個人意義上著眼，而最重要的是其結果，即組織穩定性目標。實際上，倒是向孔子問政的齊景公頗有見識，他一聽此話立即稱讚道：「善哉！信如君不君，臣不臣，父不父，子不子，雖有粟，吾得而食諸？」（《論語・顏淵》）顯然，他很明白「君不君，臣不臣，父不父，子不子」即意味著組織的崩潰，而依賴於這一組織的「君」也就失去了其原有的地位。「君君，臣臣，父父，子子」正是從維護組織中各要素的相互關係來維護組織的穩定性，其目標涵義非常明確。

孟子對組織穩定性目標更爲看重，雖然其方法有些迂迴。孟子極有名的「民貴君輕」的言論，即完全從組織穩定性目標出發。《孟子・盡心下》中說：「民爲貴，社稷次之，君爲輕。是故得乎丘民而爲天子，得乎天子爲諸侯，得乎諸侯爲大夫。諸侯危社稷，則變置。犧牲既成，粢盛既絜，祭祀以時，然而旱乾水溢，則變置社稷。」粗略一看，似乎孟子眞是把人民放在高於一切的位置上了，爲社稷可以「變置」諸侯，爲人民可以「變置社稷」。其實孟子之意甚明。首先，「君」非天子，天子不得「變置」。其次，天子須「得乎丘民」，「民爲貴」。而所謂「丘民」，「民」而成「丘」則是集合的個人，或曰有組織的個人，是組織的基礎。有「民」、有「天子」作爲組織的兩極，組織的結構就是穩定的。對穩定性應當有現代觀念。穩定性並不意味著絕對不變。穩定性還包括在適度的變化後恢復原樣的能力。變化在最上層和最基礎的部分保持不變的情況下，中間層次的調整是爲了加強組織的穩定性，而且這種調整也只有在危及組織的基礎（如「危社稷」）時才會進行。這是孟子反覆強調的。

荀子以及儒家的其他重要代表更不必說，組織穩定性目標在其著作中常常表現得更加直接。《尚書・洪範》、《荀子・王制》等有名的著作，均以維護政權的穩定性表現出維護組織的穩定性。

事實上，春秋戰國是諸侯爭雄之時，政治的顯著變動是這一時代的主要特徵。儒家立論不能不顧及這一事實。然而儒家的基本目標是整個華夏民族的組織穩定性，這確定了儒家的政治保守主義傾向。故而明智如孟子，可以說「變置諸侯」、「變置社稷」，但絕不說「變置天子」。這並非因爲「天子」係天之子才不可變置，而是因爲「天子」是組織的代表，「天子」的「變置」意味著組織性質的改變。

儒家的政治學說歷來被認爲是保守主義的。儒家的政治保守主義來自於其對組織穩定性目標的維護，而要維護這種穩定性，單靠政治上的保守是遠遠不夠的。事實上，儒家基本上是一個全面的保守主義學派，在經濟、文化及社會生活的各方面均是如此，所以在近古時代會敷演出一整套對於個人而言相當殘酷的封建禮教。與之相關，儒家的政治學說、文化學說、社會學說，乃至於某種程度的經濟學說，卻能在漢武帝之後爲歷代帝王所遵奉，成爲名副其實的帝王術，甚至出現「半部《論語》治天下」的神話，這不能不說是由於儒學堅持了組織穩定性目標。它的政治保守主義與其他方面的保守主義是有機相關的，對於維護中國封建社會長期的政治和社會的穩定有極其明顯的實際效果。

與此同時，儒家的組織理論又並不絕對排斥爲保持組織的穩定所必須進行的某些改變，包括政治上的某些改組，如孟子所說的「變置」。這些在組織的中間層次所進行的改變，並不改變「天子」與「丘民」的相對位置，同時又爲維護組織的穩定所必需，顯然能爲歷代統治者所接受，從而具有了眞正「得天獨厚」的優勢。儒家組織理論對這種變化的承認，來自於對當時劇烈變動的政治現實的妥協，而因此也使其政治保守主義具有相當的現實性。

以組織穩定爲目標的管理，與西方以創新爲目標的現代管理是有天壤之別的。中國管理崇尚「和爲貴」，以「和」的方式解決管理過程中出現的矛盾與衝突，解決不同的意見分歧，保持目標的一致性。「和」正是一種混沌方式。「和」不是以對系統的分析、對系統的條理化來處理組織內部的矛盾，與西方的方式截然不同。

組織高於個人的組織基本原則

儒家組織人本主義有兩大主要內容。第一個主要內容，或者應當稱爲基本原則的是：組織高於個人。

在儒家管理哲學中，組織的穩定性是最重要的，組織高於個人。任何個人，包括帝王在內，都不能違背組織的利益，而必須服從組織穩定的需要。

儒家所考慮的組織是整個華夏社會的大組織，即所謂「天下」。「天」在儒家哲學中有時候可以代表自然環境。但「天下」卻並非局部性質的自然環境，而是包括自然資源在內的社會組織。孟子曾經說過：「天下之本在國，國之本在家，家之本在身。」（《孟子・離婁上》）這段話很明確地指出了「天下」其實是儒家等級制的社會組織本身。「天下」這個最大的社會組織由較小的社會組織「國」組成，「國」由「家」組成，「家」則由代表個人的「身」組成。在這裡，組織人本主義已經初露端倪。組織眞正的「本」是人。

在組織人本主義的組織構架中，普通個人均受組織的不同機構管轄，根本不可能超越組織。個人的行爲所受的控制還來自於儒家組織理論的基本設計，其中獨具特色的是「禮」。孔子所言的「非禮勿視，非禮勿聽，非禮勿言，非禮勿動」（《論語・顏淵》），並非僅對君子而言，普通老百姓也絕對不能超出「禮」之「大防」。

不僅如此，即使顯貴如帝王，若是嚴重違背組織利益，就不再是組織的成員，而成了「獨夫」，並且人人得而誅之。在這方面，孟軻和荀況的言論頗有代表性。孟子認爲，周伐商殺了商紂王，只是「聞誅一夫紂矣，未聞弒君也」（《孟子・梁惠王上》），而荀子的話更直接：「誅暴國之君，若誅獨夫。」（《荀子・正論》）有趣的是，在這一方面，孔子之後儒家的兩大主要流派幾乎是完全一致的。「獨」者，單一也，無聯繫也。「夫」者，人也。所謂「獨夫」，無非是游離於組織之外的個人。雖然理論上這一單詞的涵義應當覆蓋所有合乎這一規定的人，但在實際上只有最高統治者才有資格享此殊榮。最高統治者的地位決定了他對組織的背離將導致組織崩潰的嚴重局面。因此，孟子、荀子此言究其根本，不過即是「組織高於個人」這一儒家組織原則的體現。「誅暴國之君，若誅獨夫」這句話成爲千古名言正反映出儒家組織人本主義的高明與獨特之處，也反映出儒家管理思想在很大程度上代表了中國傳統的管理思想。

儒家思想中有相當多關於人的重要性的論述，由此構成了儒家的某種類似西方人本主義的思想背景。然而，儘管儒家有「仁者愛人」之類的名言，但由於儒家對組織穩定性目標的追求以及儒家的組織高於個人的組織原則，儒家思想中的人本主義是與西方人本主義在本質上不同的兩種觀念。儒家講「仁愛」，但儒家之「仁」並不涉及純粹個人，其「

愛」自然也不及之。純粹個人不是儒家理論中的基本概念。樊遲問仁，子曰「愛人」，然而據《荀子・宥坐》記載，孔子爲魯國攝相僅七日就殺了少正卯，頗有不教而誅的強硬風格，看去似有些言行不一。孔子述誅少正卯的理由是：少正卯「居處足以聚徒成群，言談足以飾邪營衆，強足以反是獨立，此小人之桀雄也，不可不誅也」，並進而引湯、文王等歷代聖賢誅尹諧等七人之史實，「此七子者，皆異世同心，不可不誅也」。但孔子眞正擔心的是非正規組織的形成，是少正卯能夠「聚徒成群」、「飾邪營衆」。「小人成群，斯足憂矣」，爲防止非正規組織的形成，即使仁愛如孔子，也不能不當政七日就大開殺戒了（本段引文均見《荀子・宥坐》）。後儒頗有爲夫子辯護者，以爲「誅」不過是「口誅」，即現代所說的「批評」，其實差矣。從儒家的管理哲學看，孔子殺少正卯是必然之事，絕非口頭批評即可了結的。實際上，孔子所愛者乃是組織中的個人，而少正卯則是非組織力量的代表，非「人」也。這也可以與被稱爲齊法家的代表作《管子》對照來讀。《管子・法法》中說，對於違反法制的人，「命之曰牧之民。不牧之民，繩之外也；繩之外，誅！」這裡的「誅」絕對是「殺」的意思。而「不牧之民」在「繩之外」也正是非組織的個人。在涉及組織穩定性的問題上，儒法兩家是相當一致的。

由此可見，如果說儒家確實有人本主義思想的話，那麼，這個人本主義中的「人」只是以組織爲前提的人，而並不包括組織之外的人。中國古代常用的詞語中有「亂臣賊子」

一語。「亂臣賊子」爲人所深惡痛絕，其實無非因爲他是破壞組織穩定性的人，從而被摒棄在組織之外。由此可見組織人本主義影響之深。

正是根據儒家把組織放在高於一切的位置上的組織原則，筆者才嘗試把儒家管理哲學的精髓稱爲「組織人本主義」。組織人本義是一種認識到人在組織中的基礎地位和重要性，同時又堅持組織高於個人的組織原則的基本理念。組織人本主義從組織的角度來關心人、愛護人，維護人的生存權利（至少在理論上是如此），但根本目的則是維持組織的穩定性。正因爲如此，包括人的生存權利在內，個人的一切均受組織的支配。爲維護組織的穩定，個人必須隨時準備付出自己的一切。從這個意義上說，「盡忠保國」不是民族主義的而是儒家組織人本主義的原則的體現。

應當指出，組織人本主義與集體主義是根本不同的兩種觀點。嚴格意義上的集體主義是不考慮個人的任何權利的，同時，也並不要求集體必須具有組織的形態。而組織人本主義則相反，不僅考慮了組織的穩定性這一根本目標，而且也考慮到實現組織穩定的基本手段，即維護組織的基礎或曰組織之本——「人」。

以人爲本的組織管理思想

組織人本主義的第二個主要觀點是：組織以人爲本。

現代「人本」管理有許多涵義和內容。例如，努力創造條件去滿足個人的各種需要，包括滿足個人的衣食住行等低級需要和充分發揮個人的積極性和創造性（即充分考慮個人的人格完善、自我實現等高級需要）；建立所有的人包括管理者與被管理者之間的良好的人際關係；依靠人而不是單純依賴現代技術或規章制度實施管理，如此等等。儒家組織人本主義的管理哲學不可能囊括全部，但在主要的方面，組織人本主義可謂深得要旨。

組織人本主義的「以人爲本」有數重意思。首先，組織人本主義認爲：組織是由人組成的，離開了人，組織就失去了生存的基礎。因此組織應當保護人的生存權或曰基本人權，保護個人的基本利益。

組織人本主義是中國文化的精髓之一。它深諳組織建於個人基礎之上之理。因此，組織人本主義相當重視個人的生存權，一貫倡導愛民，反對殺戮，甚至反對濫用民力。因爲這樣才能更好地維護組織的利益即組織的穩定性。「水能載舟，亦能覆舟」是儒家組織理論的警句，也是組織人本主義的認識基礎之一。應當指出，在這重意義上，組織人本主義中的「人」的涵義仍然主要是「民」。

中國傳統管理中最小的組織概念是家庭。家庭之所以受重視，首先是因爲傳統管理思想實際上把「家」看作是「國」的等級基礎，所謂有國才有家，實際上是有家才有國，至少是兩者相互依賴。其次，傳統管理思想也在某種程度把「家」看成是「國」的一種全像映照，「國」的組織控制要依靠「家」的組織控制來實施。而儒家十分重視家庭，提倡以「孝」來維繫家庭。組織人本主義的「人」因此也成了維繫家庭的一個節點。清代儒者張履祥曾將孟子的「諸侯之寶三：土地、人民、政事」的論述用於家庭管理，說：「家法，政事也。田產，土地也。雇工人及佃戶，人民也。」（《張楊園先生全集・補農書下》）此話很有代表性。正因爲如此，儒家極其重視的首先是個人的「養生送死」的權利，即維護家庭的權利，而非個人主義的權利。換言之，儒家觀念中的「人權」並非個人權而是組織權。相應地，儒家觀念中的「人本」也是組織的人本而非個人的人本。孟子曰：「明君制民之產，必使仰足以事父母，俯足以畜妻子，樂歲終身飽，凶歲免於死亡。然後驅而之善，故民之從之也輕。」（《孟子・梁惠王上》）用現代語言說就是，讓人有一定的產業，可以養活一家人，在歉收的年份也不至於死亡，然後就易於管理了。這無疑是說，管理就是要滿足人的作爲家庭的組織者的需要，使其有力量承擔起維護家庭這一最基本的組織單元的責任。儒家「人」的概念的根本涵義於此可見一斑。

但組織人本主義又不能以「民本」概要之。組織人本主義理論的概念體系並不絕對排斥個人，而是把個人看作組織的基礎，管理的重點是對個人的控制和對人際關係的調節。這是組織人本主義「以人爲本」思想的第二重意義。從管理學角度看，這是混沌管理哲學中更有價值的部分。

很多論者都指出，儒家學說的主要特色之一是提倡以「禮」來維繫、調節和規範人與人之間的關係，因而儒家學說也常被看作是一種倫理思想。這方面的文獻及所引證的資料可謂汗牛充棟，筆者可省去不少筆墨。殊不知「禮」對人與人之間的關係的規範和調節也正是儒家維護組織穩定性的主要手段。透過規範人與人之間的關係（因而也是個人與個人之間的關係）來維護組織，而且以此爲主要手段，正表現出了儒家管理理論「以人爲本」的明顯傾向。

但組織人本主義在規範人與人的關係時是以對個人的控制爲基礎的。而對個人的控制則在很大程度上取決於對個人的人格訓練或人格控制。這是因爲儒家對個人心理和群衆心理的認識是相當深刻的，甚至接近於現代關於人的需求層次論的水準。《管子・牧民》所謂「倉廩實則知禮節，衣食足則知榮辱」，可視作這方面的代表性論述之一。《管子》中有許多儒家的或被儒家接受改造的東西，這是世所公認的。

《禮記・禮運》中有一段頗爲耐人尋味的話，可視作儒家關於「禮」對維護組織穩定性目標的作用的基本表述，而其中關於人情的說法尤其值得注意。其原文爲：「故聖人耐以天下爲一家，以中國爲一人，非意之也，必知其情，辟於其義，明於其利，達於其患，然後能爲之。何謂人情？喜怒哀懼愛惡欲。七者弗學而能。何謂人義？父慈子孝，兄良弟弟，夫義婦聽，長惠幼順，君仁臣忠。十者謂之人義。講信修睦，謂之人利；爭奪相殺，謂之人患。故聖人之所以治人七情，修十義，講信修睦，尚辭讓，去爭奪，舍禮何以治之？」

上述論述需加以解釋。所謂「治人七情」，並非是說要去掉或徹底改造人情，否則後文也不必說「故禮義也者，……所以達天道、順人情之大寶也」。「人情者，聖王之田也。」（《禮記・禮運》）人情是基礎，「禮」之類正是在此基礎上開展工作的。因此全文的意思是說，「禮」是「聖人」使天下中國成爲一個統一組織的工具。這種組織工作並非隨意進行的，而是要首先知道人情，然後由此而逐步發掘出人情所能接受的行爲規範，建立起人情所能接受的相互關係。而隨著這一關係的建立，組織的基本體系結構也就隨之建立了。由此可見，「禮」實際上是在人情即人的心理狀態和心理反應基礎上建立的一整套行爲規範。

人情中有些東西是「弗學而能」的，即天生的。天生的人情其實是人的生物性。七情之中，以欲、惡爲首。《禮記・禮運》詳述了欲、惡中最主要的東西，所謂「飲食男女，人之大欲存焉；死亡貧苦，人之大惡存焉」。顯然，所謂「欲」已經深入到人的生物性層次，與組織毫無掛礙。儒家講人性常常深入到這一層次，如孟子所謂「食色性也」（《孟子・告子上》）。這也有力地表明，儒家對於「人本」的認識之深刻。

以「禮」來維繫、規範和調節人際關係，從而實現組織的穩定性目標，與以「法」或其他強制性手段來維護組織，從方法上說，具有本質的不同。「法」是從組織強加於個人的，而「禮」雖有從組織或從群體來的帶有某種強制性的東西，但很大部分卻是由個人自身以自覺方式實行的。

學術界經常討論「禮治」與「法治」的問題。據筆者看來，儒家並不全然排斥「法治」，但確實強調「禮治」。「禮治」方式的提倡源於儒家的組織人本主義管理哲學。「禮」實質上是組織規範在組織要素（即個人）的內部結構中的功能性植入。因此，「禮」需要透過人格塑造來完成這種植入。儒家強調「學禮」，其目的正在於此。「不學禮，無以立。」（《論語・季氏》）所謂「立」，正是人格塑造的定型。隨著人格塑造的完成，「禮治」的組織人本主義的實質，也於此實現了。

儒家倡導把維護組織的穩定性作爲人格完善的最高標準。《禮記・大學》在開卷說了從格物致知到治國平天下的一大段話後歸結道：「自天子以至於庶人，壹是皆以修身爲本。」後人評爲「大學宗旨」，以爲「讀者毋漫然讀過，方是眞讀《大學》者」（李贄：《四書評・大學》）。大學中的修身是以「平天下」爲目標或者說是「明明德於天下」。這話再怎麼看也只是要求以完善的道德來統一天下，即本文反覆說的維護「天下」這一最大組織的穩定性。《大學》之所以被後儒選入儒家必讀經典《四書》，且居《四書》之首，位置還在聖人孔子的《論語》之前，這絕非偶然。關鍵在於此文把「修身」與「平天下」有機地聯繫起來了，從而極好地闡明了儒家組織人本主義的一大觀點。

儒家組織人本主義所謂「以人爲本」還有一個很明確的意思是，組織控制要由人來進行。這也是儒家之所以非常重視個人修養的原因之一。孔子乾脆認爲：「文武之政，布在方策。其人存，則其政舉；其人亡，則其政息。」（《禮記・中庸》）這與通常所謂的「人治」稍有不同，因爲還有「布在方策」之「政」。但在重視由人來實施管理或組織控制上則與所謂「人治」相當一致。「禮治」常常被理解爲即「人治」，其原因蓋在於此。儒家充分強調處在組織系統的各關節點上的個人的作用。在政治系統中，主要強調的是最高統治者天子和各級官吏的作用。在這方面，關於天子和官吏的自律、知人善任等的論述在儒家的文獻中可謂汗牛充棟。在社會系統中儒家充分強調「父」的作用。「父」是家庭的控制者，負責維護家庭的穩定。孟子「制民之產」中的「民」，也正是指家庭中的「父」。「君、臣、父」三者抓住了，社會組織的穩定也就可以期待了。

儒學是一個流派紛呈的學說系統，在一定程度上可以認爲包括了中國傳統管理思想的精華，但也因此出現了內部的矛盾甚至對立。但在組織人本主義的認識上，儒學各派和其他思想文化流派相當一致，或者相互補充，形成中國傳統管理思想的基本特色。組織人本主義既是儒家的思想，也是爲中國古代知識界所普遍贊同的管理哲學。研究中國特色的管理，應當充分關注組織人本主義。事實上，正是這一管理哲學被現代管理者全面地繼承下來，並且深深地滲透進現代管理的實踐之中，組織人本主義是一種穩定的管理哲學，是一種穩定的管理價值觀。管理哲學和管理價值觀內在地決定了管理方法論。混沌管理同時也包括了一種被期待的管理方法論。這是值得作進一步研究的。

中國曾經有過「法家」這樣一種力求建立明晰的行政規範的學說。在統一中國的過程中，法家表現出非常強大的力量，起到了其他學說所不能起的作用。然而，法家的管理行為是建立在「性惡論」的基礎上的。自荀子提出「人之性惡，其善者僞也」（《荀子・性惡》）的命題之後，法家倡言「性惡論」已是人所共識。荀子本人雖被列入儒家，但其法家色彩是相當濃厚的。在荀子之前，要求用嚴刑峻法來強制人民服從國家的需要也早已是法家的特徵。這種認識的前提條件，就是人民實際上是「性惡」的。沒有嚴刑峻法，無法使人民服從。法家認爲，國家強大人民才能富裕。商鞅變法而秦富，爲秦國最終統一中國創造了條件。商鞅的方法是「刑多而賞少」，「求過不求善」（《商君書・開塞》），尋找人們的錯處予以懲戒，以禁絕奸邪。與西部的秦魏法家相比，東部齊法家已經在較大程度上吸收了黃老和儒家學說。但在這方面也要求「罰嚴令行」，使「百吏皆恐」（《管子・重令》）。但法家的管理目標，即使是主張「以刑去刑」的商鞅也認爲：「利天下之民者莫大於治。」（《商君書・開塞》）在這個意義上說，法家同樣承認組織人本主義的管理哲學的部分原則，即用「治」（組織的穩定）來「利天下之民」。

混沌管理的本質

本書導言所作的釋義只就如何理解混沌和混沌管理有所交代。然而，「混沌管理」是一完整的概念，具有自己的合理內涵。事物的本質是多方面的。從純哲學的角度來討論混沌管理的本質不是本文的任務，甚至也不是管理哲學的任務。瞭解混沌管理的本質是爲管理學服務的。本文只討論它的管理學意義上的本質，而把一切其他有關本質的討論留待今後作進一步研究。

混沌管理是一種特殊的人本管理

混沌管理最主要的本質即它是一種特殊的人本管理，即前文已討論過的組織人本主義的人本管理。

人本管理一詞出現的時間不長，但以其完全不同於泰羅所創立的科學管理的內涵而爲人們所矚目。嚴格說來，人本管理不是一個管理概念而是一個哲學概念。人本管理強調人的重要性，強調由人進行的管理和對人的管理，把人的因素提到了根本性的地位。實際上，人本管理只是相對於過分重視物的管理思想的一種反動。

中國古代管理從有記載以來就表現出明顯的人本傾向。經過儒家數千年來對古代文獻的梳理，這種傾向表現得更為強烈。《易傳・彖》「觀乎人文，以化成天下」的說法，可看作是古代管理重人本的標記性的表述。《禮記・大傳》說：「聖人南面而治天下，必自人道始」，直接宣稱「人道」是管理的基礎。孔子反覆強調「仁」，教導學生仁者「愛人」（《論語・顏淵》），「仁者，人也」（《禮記・中庸》），都是以人為立論的基本點。仁就是要「克己復禮」（《論語・顏淵》），即透過個人修養來恢復管理秩序。而《易傳・繫辭》更把「仁」作為保持管理者地位的基本方法，所謂「天地之大德曰生，聖人之大寶曰位。何以守位？曰仁……。」

儒家講「仁」，並不是抽象地表達一種關於人本的觀點，而是具有非常強烈和現實的管理意義的。值得注意的是孔子關於要透過「行五者（即『恭、寬、信、敏、惠』）於天下」來達到管理目的的論述。「恭則不侮，寬則得衆，信則人任焉，敏則有功，惠則足以使人」（《論語・陽貨》），恭、寬、信、敏、惠是仁的具體內容，而且也是取得管理效果的系統步驟。對人「恭」而能在人群中立足，待人「寬」而後能取得群衆的擁護，待人有「信」就能使人把事情託付給你，「敏」而使事情辦成，最後則透過「惠」來達到管理別人的目的。總的看來，這是透過人際關係的和諧來達到「得衆」、「人任」和最終「使人」的目的。按照馬克思・韋伯的概念，這實際上是一種在人際關係中以個人的超凡魅力來樹立權威的方法。

在人類社會的長時期內，物質生產的增長是極其緩慢的，物質生產方式的變化也是極其緩慢的。簡單的生產方式如耕作、放牧、捕獵等長期成爲經濟活動的主體。在這種簡單方式的生產中，物質資源與生產者幾乎是結合在一起的，甚至是後者的附屬品。對人的管理同時也就是對物質資源的管理。至於物質生活資源的分配，基本上是一種在生產和交換中自然形成的關係。正因爲如此，古代管理以人爲本就並不奇怪了。

人無疑是最具複雜性的動物。馬克思把人看作是「社會關係的總和」，這已經夠複雜了，但尚且未論及人的生物的、生理的特性。關於「人是機器」的哲學早已過時，而「人是宇宙」的哲學則方興未艾。對於充分複雜的客體，人的認識能力是有很大的局限性的。這是導致人們採取混沌管理方式的主要原因之一。

另一方面，在中國傳統文化中，個人不能算是重要的概念，更重要的概念是「民」，也即進入和服從組織的人的群體。即使從孔子之前的文獻看，「民」的重要性也是非常明顯的。試舉幾例：

▼「天聰明，自我民聰明；天明畏，自我民明威。」（《尚書・皋陶謨》）

▼「人無於水監（同鑒），當於民監。」（《尚書・酒誥》）

▼「古我前後，罔不惟民之是承（敬）。」（《尚書・盤庚》）

▼「天之愛民甚矣，豈使一人肆於民上，以從其淫，而棄天地之性？必不然矣。」（《左傳・襄公十四年》）

▼「國將興，聽於民，將亡，聽於神。」（《左傳・莊公三十二年》）

▼「天生而立之君，使司牧人，勿使失性；有君而為之貳，使師保之，勿使過度；……善則賞之，過則匡之，患則救之，失則革之。」（《左傳・襄公十四年》）

這些話，加上孔孟及後世儒家大量關於「民」的論述，足以表明「民」在中國傳統文化中的地位。所謂「民」，其實是人群，或有組織的個人，而非單獨的個人或個人主義的個人。「民」有時也與「人」通用，但包括「人民」在內的這幾個詞，實際上都是集合名詞，在中國古典文獻上一般都是指有組織的人或在組織中的人。游離於統一組織之外的人則是「盜」、「亂臣賊子」、「獨夫」等等。就這一方面說，混沌管理就是組織人本主義。

「民」就其涵義而言，實際上是指人的集合。而對於組成這一集合的元素，在混沌管理方法論看來，是並無分別的，即包含在「民」中的每一個人都是同樣的。混沌管理對民採取在總體上一致的態度，而並不加以分析、區別。「牧民」一詞是混沌管理對「民」的管理的最好描述。「牧」者，放養也。放養民衆，使其有自生自育的條件，這是古代管理者的職責。《管子・牧民》的「凡有地牧民者，務在四時，守在倉廩」，無非就是使民有生活的機會。這實在與放養牛羊並無太大的區別。在古代，「養民」大致上是比較明智的管理者的共識。孔子稱讚鄭國子產有四項「君子之道」，其中之一就是「其養民也惠」（《論語・公冶長》）。春秋時邾文公也說過「天生民而樹之君」是爲了「養民」（《左傳・文公十三年》）。孟子所謂「仁政」，也是要造成條件，使人民能「仰足以事父母，俯足以畜妻子，樂歲終身飽，凶歲免於死亡」（《孟子・梁惠王上》）。向人民提供基本的生存條件，是組織人本主義的認識之一。只要能如此，民就可以驅而至善。

對「民」的集體性或群體性的管理增強了管理的混沌特性。這與現代管理中的管理心理學和組織行爲學是存在著根本區別的，後者日益趨向於根據個人之間的需要的差別而採取不同的激勵方法。中國傳統的激勵方法是「刑賞」。「刑賞」主要是法家的思想，儒家很少提倡，但「刑賞」確是傳統的管理方法之一。「賞」是激勵，「刑」是負激勵。「刑賞」在群體中提倡、禁止的示範目的遠大於對個體的激勵。「夏賞五德，滿爵祿，遷官位，禮孝弟，復賢力，所以勸功也」（《管子・禁藏》），「夫賞罰者，天下之衡鑒也」（《范文正公文集》卷九《上執政書》），都是對這種示範作用的的論述。只有極少數文章注意到賞罰對個人的作用問題。如《管子・侈靡》中說：「一爲賞，二爲常，三爲固然」，即同時針對個體心理及群衆心理而言。中國古代並非沒有針對個人心理的認識，尤其在軍事著作中，常有非常精闢的論述。孔子說過：「巧言令色，鮮矣仁。」（《論語・學而》）傳爲姜太公所作的《六韜》，要求用「問之以言」，「窮之以辭」，「與之間諜」，「明白顯問」，「使之以財」，「試之以色」，「告之以難」，「醉之以酒」（《六韜・龍韜・選將》）等八項措施來對將領進行考察。但在古代管理思想中，宏觀上的群體性的管理和激勵更爲重要。這些見解正好加強中國古代管理在總體上的混沌特性。

混沌管理是以組織穩定爲目標的管理

以組織穩定爲目標，是中國傳統管理價値觀的主題。管理價値觀內在地決定了管理方法。混沌管理正是符合這一主題的首選。

以組織穩定爲目標的管理，與西方現代以發展、創新爲目標的管理是有天壤之別的。西方現代管理尤其是現代企業管理的根本目的是追求效率和效益。這是從泰勒創立科學管理的流派就開始了。泰勒科學管理中的所謂心理革命，就是試圖用改進工作效率的方法來造成勞資雙方在心理上、態度上的變化，即共同把注意力轉向增加剩餘上，減少勞資之間的對抗。現代的一些大企業已經把諸如爲社會服務之類作爲面向公衆的宣傳口號，或作爲某種經營哲學眞誠地希望利潤是對社會服務的報酬。但這些企業處在市場激烈競爭的環境下，不能不考慮企業的創新和發展。「不進則退」，是現代企業無法選擇的管理哲學。

混沌管理與現代管理截然不同。混沌管理的管理哲學和組織人本主義把組織穩定作爲最基本的原則。一切管理手段和管理方法均爲此目的服務。這種觀念顯然是中國古代多數思想家的共識。無論儒、法、墨、道，在穩定問題上的認識幾乎是如出一轍，只是在方法上有所不同。所謂「利莫大於治，害莫大於亂」（《管子・正世》），可謂這種認識的極妙表述。更具體地說：「天下大亂，無有安國。一國盡亂，無有安家。一家盡亂，無有安身。」（《呂氏春秋・有始覽・渝大》）「天下」這一大組織的穩定，直接關係個人的安危，可說是組織人本主義的重要觀點。即先有組織的穩定，然後才能有個人的利益。正因爲如此，混沌管理要求「禮」、「法」共施，維護組織的穩定。中國傳統社會的管理被許多人看作是儒法結合的。「禮」當然是儒家管理的重要觀念。透過「禮」來約束個人行爲這種基本的管理原則，本身即已表現出強烈的穩定觀念。孔子強調「克己復禮」，強調「非禮勿視，非禮勿聽，非禮勿言，非禮勿動」（《論語・先進》），對於創新和發展顯然是強烈反對的。這種「……勿……」的程式，無非是對現實關係的確定，或者說是要保持現實組織的穩定。從孔子的這一程式，發展到宋明禮教，可謂把對組織穩定性的要求推向了頂點。「禮」的管理無論是從管理方式上還是從作用機制上看，都是一種混沌管理。

必須指出，孔子所處的春秋時代其實是一個「禮崩樂壞」的時代。禮儀制度的等級性已遭到了嚴重的破壞。這個時代與現代社會比較，在「發展」這個問題上是基本一致的。根據比較一致的看法，以春秋時期為中心的前後一段時間，是中國從奴隸社會向封建社會變化的時期。而經濟的迅速增長也是這個時代的必然特徵。只是由於過多的戰爭而導致了消耗的增加。在這種情況下，孔子強調「復禮」，具有恢復舊秩序的意義。但從管理學上考慮，這種「復禮」從穩定的一般意義上說更有價值。孔子學說之所以被急需穩定社會秩序的漢代統治者奉為「獨尊」的經典，而春秋戰國時期的其他學說則被罷黜，正是由於儒家學說所具有的穩定功能。而以儒家學說為中心的混沌管理之所以為穩定的管理，也就不言自明了。

混沌管理為保持組織穩定，非常推崇愚民政策。老子說過：「古之善為道者，非以明民，將以愚之。民之難治，以其多知也。故以知治國，國之賊也，不以知治國，國之福也。」國家的不穩定，在於人民瞭解了過多的事情，有了知識覺悟。啓發民智，實行民主，國家就難以穩定。反過來，「絕聖棄智」，人民就會信服，國家就會穩定。孔子也說過：「民可使由之，不可使知之。」（《論語・泰伯》）這句話固然可以理解為帶有一定的策略意義（後文另述），但愚民的主要涵義卻是非常明晰的。《荀子・在宥》記載孔子殺少正卯並且指斥少正卯「言談足以飾邪營衆」，很可能就有反對使民衆「知之」的意思。當然，這只是猜測。從現代觀念看，這些思想無疑反映了古代思想家的落後反動的一面。這種「識其一，不知其二」（《莊子．天地》）的混沌狀態，是混沌管理中的一個重要方面，同時也是其主要的消極因素之一。透過使民衆處於原始愚昧狀態而使管理簡單化，從而導致管理系統的穩定，是混沌管理的一種方法。

◎混沌管理的方法論特徵

從本質上說，混沌管理是適合於複雜人假定和複雜管理的方法論。與之相應，混沌管理表現出明顯的混沌方法論的特徵。應當指出，混沌管理的概念在很大程度上是針對科學方法論而言的。科學方法論的分析、還原、隔離、理想化等，對現代管理產生了很大的影響，直接導致了科學管理的產生。如果需要用另外一個簡單的概念來描述借用了科學方法論的重要原理方法的科學管理，科學管理就應該稱爲清晰管理，而混沌管理則正好與之相對。

非規範化

與西方現代管理的追求規範化相反，混沌管理方法論並不要求規範化的管理。與小農經濟相適應的混沌管理，既以自然無爲爲基礎，就很難實施規範化方法。規範化的方法是現代化大生產的方法，規範化的分工，規範化的操作程序，極有助於提高生產的效率。但在中國傳統社會中，這種規範化卻是沒有必要的。中國傳統社會的職業分工主要是士、農、工、商，而以農爲主，並且農業也是壓倒一切的主要產業。同時，農業生產幾乎完全是手工方式，只使用了非常簡單的農業器械。農業生產的規模也極小。即使是良田萬頃的大地主，在組織生產上的管理工作也是非常簡單的，生產的方式與個體農民的方式沒有什麼根本的區別。大部分田地都是出租給農民耕種的，地主只收取地租，對農民的耕作情況不需要有什麼瞭解。在這種情況下，規範化的要求不僅是不迫切的，而且還會損害農業生產。《管子》對這種非規範化的、無爲而治的方法提出過很有見識的意見。《管子》要求「均地分力」，其目的是「使民知時也。民乃知時日之蚤晏，日月之不足，飢寒之至於身也。是故夜寢蚤起，父子兄弟不忘其功，爲而不倦，民不憚勞苦。」否則，「不告之以時而民不知，不道之以事而民不爲。」（《管子・乘馬》）於是，管理者不需要手持鞭子隨時催促，而農民也能爲獲取極少量的生產剩餘而努力。農業生產的自組織就在混沌中展開了。

這種非規範化的方法無論在宏觀上還是在微觀上都是符合中國傳統社會的現實狀況的。中國古代經濟並不是沒有宏觀上的管理調控，但是這種宏觀調控隨著封建社會的鞏固在實際上並未加強，甚至是漸漸削弱的。顯然，這與整個封建社會的生產方式有關。至於統一計畫式的規範管理，則在宏觀上從未實現過。中國土地遼闊，各地的土壤、氣候、水源、農作物等差別極大，在技術上根本不可能實行統一組織的規範化管理。不僅如此，對於古代中國這樣一個大國，僅僅通訊方式的限制就足以使規範化生產無法及時得到生產指令，從而貽誤農時。在微觀上，生產組織的過於細小，使規範化生產根本就無必要。當然，這並不是說生產組織中沒有任何規範性的東西，比如遵守農時、使用農業器械和農業技術等，都要有一定的規範。而在水利工程等大型項目上，國家的宏觀組織就成爲非常必要的了。但這些具體的規範化工作，並不能否定管理方法在整體上的非規範化、整體上的混沌。此外，混沌管理也並不只有非規範化這一個特徵。

在中國古代管理思想中，法家曾經是相當有影響的，在戰國時期統一中國的歷史進程中發揮了巨大的作用。但是法家的思想影響隨著秦王朝的覆滅而變得非常微弱，而儒家則成爲中國歷史上的統治思想。法家思想在很大程度上是一種規範化、清晰化的思想。法家對於法制的強調反映在中國歷史上曾經出現過管理規範化、清晰化的嘗試。不僅如此，在中國統一後的歷史上還有過許多次的「變法」運動。雖然這些變法一般都是由於國家的財政困難而引發的，但這些變法運動在實質上都是試圖使管理更爲確定、規範、直接和清晰。然而這些變法最終都以失敗而告終，包括北宋時期的王安石變法在內。從管理環境看，中國古代國家的疆域遼闊、生產落後是這種規範化、清晰化過程不能得到有力發展的根本原因。疆域遼闊則控制不能到位，生產落後則無法提供足夠的管理費用。在這種情況下，降低管理控制的嚴格性幾乎是唯一的解決途徑。另一方面，小農經濟的分散性和自發性與管理的規範化、最優化存在著很大矛盾。經營狀況的差別使得在宏觀角度討論規範化幾乎是毫無意義的。在中國封建社會的歷史上，僅在個別地方和個別時期有過國家對農業經營的規範化要求，包括對種植作物和養殖牲畜的種類和數量的要求，而在大多數情況下，則連這種要求也沒有。同時，由於經營規模小，微觀管理的要求也並不迫切。地主在莊園經營中，可以把宏觀管理的原則和方法簡單地運用在微觀管理中，這形成了中國歷史上獨有的管理全像論。

非最佳化

與非規範化相適應，混沌管理的另一個特徵是它並不追求最適化與最高效率。顯然，這是由穩定的管理價值觀所決定的。

另一方面，中國傳統的管理思想爲求穩定，也反對對知識的追求和對技術的改進，而這兩者是效率最佳化的基礎。《莊子・天地》中記載了一個連轆轤也不肯用，在井旁鑿一條隧道下井打水的老農。子貢告訴他可以用轆轤來提高效率，老農忿然作色說：「有機械者必有機事，有機事者必有機心」，因此「羞而不爲」。子貢回去告訴孔子，孔子說，這就是混沌氏之術，「明白太素，無爲復樸，體性抱神，以游世俗之間。」這雖是莊子的寓言，未必實有其事，但其中對混沌的用法卻正反映出混沌管理對優化方法的排斥。嚴格說來，這種反對知識和技術的態度在整個中國傳統文化中都是非常明顯的，並且造成了中國科學技術發達最早但始終基本上在原地踏步的狀況。孔子主張「民可使由之，不可使知之」（《論語・泰伯》），主張「君子不器」（《論語・爲政》），要求君子不成爲某個方面的專家，老子要求「絕聖棄智」，「絕巧棄利」（《老子・十九章》），要求「使民有什伯之器而不用也」（《老子・八十章》）。都是對後世極有影響的思想。尤其是老子的「使民有什伯之器而不用」，更是赤裸裸地反對提高效率，即使能提高效率十倍、百倍的器械也棄之不用。

穩定是很可能與保守相聯繫的，但不一定就是後者。從不同的角度看問題，可能會有不完全一致的結論。在傳統的中國社會，實際占據統治地位的思想主要是儒家思想，而儒家思想一般被認爲是一種保守的思想。顯然，儒家思想對於中國封建社會的穩定有不可代替的作用。從社會發展的角度看，它對中國社會向新的社會形態發展則起到了阻礙的作用。這就是儒家思想被認爲是保守的原因。穩定的管理價值觀對於一定的社會階段而言，確實具有保守的傾向，尤其是由於這種價值觀的絕對化。管理價值觀絕對化爲單純追求穩定，它就完全可能轉化爲保守。

穩定的管理價值觀不追求最佳化，可能以孔子的話最有代表性。孔子說過：「丘也聞有國有家者，不患寡而患不均，不患貧而患不安。蓋均無貧，和無寡，安無傾。」（《論語・季氏》）孔子並不擔心「貧」、「寡」這些現代社會發展觀所要消滅的現象，而只擔心「不均」、「不安」、「不和」。不能說孔子希望「貧」、「寡」，但這些現象絕非孔子注意的重點。孔子說「均無貧，和無寡」，看上去有些辯證法，但由於老夫子並未提出諸如發展經濟之類的要求，因此，這種「均」、「和」實際上只是低水準的，用現在流行的話說，是一種大鍋飯。尤其在「不患寡」、「不患貧」的前提下更是如此，中國封建士大夫有「安貧樂道」的想法，可為此作一注解。孔子在這段對後世影響極大的話中，實際上只表達了一個重點，即擔心國家的傾覆。顯然，在孔子看來，「均」、「和」、「安」足可以導致國家的穩定，根本用不著發展生產、改進技術、追求效率。在儒家的另一個主要代表人物孟子的書中，提出了一種井田制的社會理想，認為經濟活動的目的是：「明君制民之產，必使仰足以事父母，俯足以畜妻子，樂歲終身飽，凶歲免於死亡。然後驅而之善，故民之從之也輕。」（《孟子・梁惠王上》）用現代語言說就是，讓人有一定的產業，可以養活一家人，在歉收的年份也不至於死亡，然後就易於管理了。顯然，在如此絕對的穩定觀念下，經濟的發展絕非題中之義。以經濟發展為目的的最佳化方法，自然也無立足之地了。

需要指出的是，中國古代實際的技術發展並不完全是由於觀念的原因，甚至主要不是由於觀念。封建生產關係對技術開發的阻礙更大，這並不是管理哲學所能解決的。相反的，管理哲學也在很大程度上受制於落後的生產關係。小的生產規模無法接受高效的器械。這無論從生產成本還是從實際需要考慮都是如此。即使在現代，如果不解決農業生產組織的規模問題，現代農業技術的應用仍然是一句空話。

不確定性

混沌管理的混沌實際上主要是相對於近代科學方法論而言的。近代科學方法論的基礎之一是決定性的因果關係的存在。在泰勒所開創的科學管理中，從作業研究直到會計制度，其基礎都是這樣一種決定性的因果關係，即以管理方法作爲原因與以生產效率的提高作爲結果之間的因果關係。至少在科學管理的理論上是如此。與這種因果關係相聯繫，並在邏輯上成爲管理方法之前提的，是所謂「經濟人假設」。「經濟人」是追求經濟利益的最大化的完全理性的人。但是，泰勒的管理方法論的前提，就其作業研究來看，人不過是能學習的機器。人透過被動的訓練而成爲效率機器。而這種訓練所依據的方法，完全是透過對作業過程的精確研究而得到的。只要採用了這種方法，效率的提高就是必然結果。其確定的因果關係完全與在科學研究中的相同。

但是，中國傳統的混沌管理方法論的過程與結果之間並無直接的、決定性的因果關係。無論是「無爲而治」，還是文化倫理主義，都是如此。「無爲而治」不是希望取得具體結果的管理，而只是使過程自然發生，不加干涉。自然主義的管理，其執行的結果只是事物的自然變化，而並不是任何可期待的具體結果。文化倫理主義透過人際關係的和諧來取得管理效果而不是管理效率。在此過程中，倫理關係的直接作用並不是管理效率的增加，而只是人際關係的強化。這種強化也許對穩定組織有利，而對於組織的其他任何方面都不存在確定的意義。甚至組織的穩定也不是絕對的。《韓非子・五蠹》曾批評說：「儒以文亂法，俠以武犯禁。」「今儒墨皆稱先王兼愛天下，則視民如父母……人之情性莫先於父母，父母見愛而未必治也，君雖厚愛，奚遽不亂？今先王之愛民不過父母之愛子，子未必不亂也，則民奚遽治哉！」這段話對文化倫理主義對管理的穩定性效果也提出了有力的質疑。

不確定性導致數量觀念的淡薄。數量觀念這個命題對古代管理思想可能要求過嚴，但對於混沌的標準卻是非常重要的一個指標。缺乏數量觀念是爲混沌。現代管理方法論的一個不可缺少的部分就是數量管理或數量控制。任何一種管理理論都注重或至少不會捨棄它。事實上，數量管理或數量控制在任何一個具體的管理領域或稍大的管理單位都被非常認眞地奉行著。

但是，中國古代的混沌管理嚴重缺乏數量觀念。孔子本人是當過「會計」的，他認爲「會計當而已矣」（《孟子・萬章下》）。這個「當」很難解釋，至少數量觀念並不很明顯。孔子以後，儒家一般是鄙薄「利」的，兼及簿書賬册，甚至連宋儒陸九淵也引周公孔孟的言行來批評「世儒恥及簿書」（《陸九淵集・與趙子直書》），可見儒生們實際上是並不瞭解數字觀念的。雖然如此，中國古代經濟活動的數字記錄還是很豐富的。但是界限的含糊和因果關係的不確定使得這些數字本身無法構成精確的結構關係，無法實際反映管理狀況。

3 混沌管理的理論與社會依據

作爲傳統的管理方式，混沌管理建立在中國古代的思想文化和社會經濟的基礎上，與這種思想文化、社會經濟的狀況相容。

◎混沌管理的理論基礎

關於中國古代的思維方式，論者頗多。張岱年等的「重和諧、重整體、重直覺、重關係、重實用」的看法（參看張岱年、程宜山的《中國文化與文化論爭》，中國人民大學出版社，一九九〇年版）與多數學者的看法接近，具有較大的參考價值。但是，中國傳統思維方式還有非常重要的自然主義的特點。混沌管理的產生，其理論上的根據，與上述特點都有關係，而最重要的則是以下三個方面：

整體論哲學

中國古代哲學思想中存在著相當濃厚的整體論思想。古代著名的典籍如《周易》、《尚書》、《老子》、《呂氏春秋》等都表現出類似的整體論觀點。在這種整體論中，世界是統一的，人與自然也是統一的。古代的「天人合一」論是這種整體論哲學的一個組成部分。《周易》八卦的運演中表現出來的循環論，透過循環而回復原始之狀態，歸根結底是對世界整體的一種進一步的確認。陰陽、五行、八卦、六爻等的對世界的劃分，都只是對整體的一種演繹。在這個過程中，或「如環之無端」（《尚書大傳》），或「始則終，終則始，若環之無端」（《荀子・五制》），或「動靜無端，陰陽無始」（《朱子語類》卷九四）等等，最終仍然返回整體。整體論的世界是個統一的世界。雖然不同學派對統一於何者的理解不同，但絕大多數都同意這種統一。《老子・四十二章》說：「道生一，一生二，二生三，三生萬物。」這是把世界統一於「道」。這看上去似乎有進化發展之說，實際上卻只是對客觀世界萬物紛呈的狀態的一種承認。《老子・三十九章》更重視整體：「天得一以清，地得一以寧，神得一以靈，穀得一以盈，萬物得一以生……」對於「道」的這種標誌整體論的功能，很少有什麼反對意見，最早提出五行思想的是儒家經典之一的

《尚書》。《尚書・洪範》中提到的金、木、水、火、土五行都還是比較樸素的物質形態，但很快就被改造成爲整體論的變化學說的一個部分。但整體論的這種對陰陽五行的論辯，與自然、社會客體的實際物質形態沒有什麼關係，而主要是一種對世界的運動態勢的解釋。就人類對自然界與社會的現有認識而言，這種論辯的主觀色彩更爲濃重。現代的不少論者認爲這種思想具有更深刻的對宇宙萬物的根本性認識，這自然可以成爲一說。但實際情況是人們不斷地把現代科學對自然界的新發現用來對古代學說加以新的解釋。事實上，整體論哲學是把原初的混沌即連認識都不存在的狀態作爲最終極的盡善盡美的狀態，即《老子・二十五章》所謂：「有物混成，先天地生，寂兮寥兮，獨立不改，周行而不殆，可以爲天下母。」

中國古代整體論哲學與西方現代系統論的思想是截然不同的兩種思想體系。西方現代系統論的基本思維方式是分析方式，把作爲整體的事物分解爲各個不同的子系統或要素。系統透過要素的組合表現其功能。而中國古代的整體論則是綜合的，注重事物的總體狀態，部分只有在總體之中才是有意義的。對於社會組織而言，系統論著重於個體的行爲。個體的競爭與協調最終體現爲整體的行爲。因此，管理就是對於每個個體施加影響，使之爲組織的目標服務。整體論則不同。整體論的組織行爲與個體的個別行爲並無關係。管理是在整體上對整個組織施加影響。整體對個體有決定作用。加拿大哲學家邦格的《社會的系統觀念》中特別論述了對社會問題的整體論與系統論的區別。邦格認爲：整體論的社會觀是把社會看作超越個人的總體，社會對個人有決定作用。而系統論的社會觀則認爲社會是一個由相互關聯的個人組成的系統，社會整體的特性是個人行爲的相互影響在社會層次上「突現」的結果。

混沌管理是建立在中國古代整體論的哲學基礎上的，這種整體論在自然與人的關係上，表現爲「天人合一」論；在個人與群體的關係上，表現爲組織人本主義；在思維方法上，表現爲混沌方法論。

中國古代的「天人合一」論帶有非常濃厚的政治色彩，用來解釋「君權神授」，是一種爲王權服務的體系。除此不談，「天人合一」論把人看作是宇宙一個不可分割的組成部分，人與自然（天）是一個整體。作爲整體，人的行爲與自然的行爲是處處、時時相關聯的。人的群體行爲如爭鬥、暴亂或和諧、安寧，都與天的運行相關。天的意思透過人民的行爲體現出來（如《尚書．泰誓中》：「天視自我民視，天聽自我民聽」）。人的個體的安泰或疾病，也與天的時序等相應（《內經．靈樞．歲露》：「人與天地相參也，與日月相應也」）。顯然，「天人合一」論注重的是人與自然的聯繫與和諧。在人與自然的聯繫中，古代思想家還從農業生產的角度提出了天、地、人的相互關係理論。不妨把「天人合一論」與天、地、人的相互關係理論合起來討論，從本質上說，兩者都是整體論哲學的表現。「天人合一」論也是一種古代的自然倫理思想。「天人合一」論在很大程度上把管理變成了一種根據上天垂像而實施行動的神祕主義行爲。

在個人與群體的關係上，組織人本主義是整體論的最好體現。組織人本主義把組織穩定作爲主要目標，個人是組織的一個幾乎不可區別的成員。個人服從組織。組織人本主義從整體角度考慮人的需要從而也是個人的需要，但並不從個人的角度去考慮。組織的利益是第一位的。這種重視組織整體和群體整體的態度，可以說主要出於整體論的哲學。

從管理角度看，整體論最重要的影響當數混沌管理方法論。

整體論哲學重整體、輕個體和部分，重綜合、輕分析，重宏觀、輕微觀。按照在這種哲學指導下的管理方法論，管理實際上是對整體的管理、宏觀的管理、統一的管理、戰略的管理。微觀管理在最有意義的情況下，也只是宏觀管理的一個對應，但這並不是全部。

從整體考慮的管理，對個體的研究是嚴重不足的。這並不僅僅是指在組織人本主義中對個人的態度，而且也指對微觀組織的認識，甚至對中間層次的管理，例如對地區和專案管理，也都是如此。在古代史上，關於微觀管理的論述只在一些「家訓」、「治家格言」中有所保存，除此之外則極其少見。造成這種情況的原因很複雜，首先與中國古代很少有具相當規模的企業組織有關。在古代管理系統中具有獨立子系統性質的組織是家庭，而不是企業。家庭組織的管理，在大多數情況下是極其簡單的，並且其管理關係受到親情關係的極大影響。但在更大程度上，這種現象與中國古代政治思想的重整體、重宏觀、重統一的態度有關。不能完全認定整體論哲學一定產生大一統的政治組織，但是整體論哲學完全符合大一統的政治組織的理論要求。而這一政治組織必定在相當程度上具有排斥分立性質的微觀組織和微觀管理的傾向。

整體論哲學一個重要的理論推論是整體全像論。「全像」是一個現代說法，源於自雷射被發現後的新的成像技術。根據這種技術，用雷射記錄下來的形象訊息，可以在記錄紙上的任何一個局部而被整體地記錄下來。換言之，用全像技術記錄的照片，即使只保留下一小片殘片，也可以把整體完全復原。自從「全像」概念產生後，人們已經把它科學地或隨意地推廣到了許多方面。

宇宙整體在中國古代思想中是一個活的生命體。整體的每個部分都全面地反映出整體的特性、形態和本質。全像現象最明顯的反映莫過於人體。中醫理論的望、聞、問、切的辯證方法，針灸用藥的治療方法，在很大程度上是建立在人體全像論的基礎上的。中國最早的著名醫書《黃帝內經》說；「五官者，五藏之閱也」（《靈樞・五閱五使》），無非是利用了全息論的觀點。《內經》中記載的治療方法，也與這種全像論相關。而中醫針灸療法，更以人體全像論爲基礎。尤其是耳針療法，把耳廓看作是倒置於母親子宮內的胎兒的形態（倒置是胎兒的天然狀態），耳廓上的每一部位都與胎兒形態的相應部位對應。這顯然不是一種對耳針穴位的記憶方法，而是非常明顯的人體全像論。

對於管理而言，更重要的是社會全像論。《禮記・大學》把「平天下」與「治國」、「齊家」、「修身」等逐級相關的敘述方法本身就體現了一種全像性質的思想觀點。《禮記・大學》的這種社會全像論思想在其後的影響是極大的。後儒把《大學》與《論語》、《孟子》及《禮記・中庸》並列，合稱《四書》，作爲儒家的普及性的經典，其中也包括了對這種社會全像論的首肯。修身、齊家、治國、平天下這一整套作法，從齊家開始的系列正是全像展開的過程。至於修身，則體現了儒家的另一個主要思想傾向，將在後文論述。金觀濤等討論過中國古代組織的微觀結構保存宏觀組織訊息的問題，並將其看作是超穩定結構的某種結構功能。實際上這也是一種全像論觀點。社會全像論的管理翻版就是微觀管理的管理全像論。管理全像論實際上是把宏觀管理與微觀管理完全等同看待，用宏觀管理的方法對待微觀管理。

自然主義的「無爲而治」

「無爲而治」是一個頗具道家特色的觀點。中國歷史上曾經有過幾個時期是以「無爲而治」相號召的，其中最有影響的是以黃老哲學爲理論基礎的漢初「文景之治」。這是中國歷史上少有的幾個太平盛世之一，與唐貞觀年代、清康熙年代等齊名。文、景之後，黃老哲學在統治階級中的表面影響雖趨向衰落，但在實際上卻構成了中國傳統穩定的管理方法論的核心思想。中國歷史是一幕幕極其豐富多彩的話劇。在中國歷史上有過如此衆多的王朝，不可能只採取一種完全確定的統治思想和管理理論。但在中國歷史的航船行進的過程中，雖然有各種曲折，但卻有一種基本的穩定力量。在這個力量中，無爲而治的混沌管理扮演了極其重要的角色。

「無爲而治」的管理思想是中國古代管理哲學中極具特色的著名思想，被認爲是管理的最高境界。「無爲而治」雖然被認爲代表道家的觀點，但在長達兩千年的儒家獨領風騷的年代中，「無爲而治」的思想仍然受到普遍尊崇，並在一定時期內發展爲一種管理實踐。儒家對自然無爲也是非常推崇的。孔子說過不少與老子的說法相同或相似的話。《論語・爲政》中說：「爲政以德，譬如北辰，居其所而衆星共之」「書云：『孝乎惟孝，友於兄弟，施於有政。』是亦爲政，奚其爲爲政。」《論語・衛靈公》說：「夫無爲而治者，其舜也與！夫何爲哉？恭己正南面而已矣。」更有趣的是《禮記・中庸》中的「夫政也者，蒲盧也」的比喻，孔子明明是說，管理就像是蒲盧那樣的植物，其涵義也不難理解爲是讓管理過程像植物的生長一樣自然。應當承認，在中國歷史上眞正具有長期影響的是經過儒家改進過的「無爲而治」思想。在這一思想中，儒家把自己道德至上的觀點與老子的無爲無不爲的哲學命題相結合，形成了成爲混沌管理核心的「無爲而治」的管理觀。

在中國傳統文化史上，儒家始終占有主導地位。然而人們不能不承認一個事實，即儒家在其思想的深處，仍然與道家思想有相當一致的地方，關於孔子曾經受業於老子的傳說，雖然有人認爲只是莊子式的寓言，像他的鯤鵬展翅或倏忽對待混沌的故事那樣，但卻在很大程度上反映了儒家與道家的思想聯繫。有的學者如胡適，則明確認爲老子的生存年代早於孔子。台灣版《胡適文存》四卷二篇的文章，就是專門考證老子的年代的。胡適認爲：《禮記・曾子問》有孔子跟從老子主持喪禮遇日蝕的事。《禮記・檀弓》的記載更多。《禮記》是儒家的著作，似無必要杜撰孔子曾受業於老子的故事。中國傳統文化是一種儒道互補的文化，尤其在統治思想上，儒道不僅在思想的深層結構上表現爲互相補充、互相依存，而且在實踐上也表現出了相互銜接、相互迭代的關係。這種關係粗淺地看來似乎是一種相互矛盾的關係，但在實際上則錯綜複雜，遠非簡單的描述可以說清的。而且，中國人創造的「矛盾」一詞本身，也是一個涵義十分豐富、內容充分混沌的字眼，在一定程度上正可以反映中國文化所特有的混沌特性。

儘管上述想法並非所有的人都能贊成，但有一個哲學觀點卻至少是儒道兩家的大部分主要代表人物都同意的，這就是所謂的「道法自然」。《老子・二十五章》說：「人法地，地法天，天法道，道法自然。」老子的「道」是哲學史研究的重要對象，其涵義極豐富。這裡的客觀唯心主義的「道」頗像某種先天的法則、規範，但又混混沌沌。「自然」

在《老子》中並非指客觀現實中的自然界是可以確定的。自然界即天、地、人的組合，實際上都是「法道」的。「道法自然」認爲最高法則是自然而然，南懷瑾認爲有佛教的「法爾如是」的意思。

「道法自然」在實際流傳的過程中，其涵義與老子的原意有所變化。正因爲「道法自然」，所以基本的方法論就只能是無爲，是混沌管理。自然的過程是自生、自長、自發展、自復制的過程。對於這樣的過程，任何干預都可能違背自然之道，唯有「無爲」才是最合理的。因而「道法自然」即「無爲」，即任生物、社會自然生長發展。

從社會背景和經濟背景看，中國古代長期的封建小農經濟是這種思想產生的基礎。尤其對於管理哲學，鑒於其與實際的管理過程有實用的配合要求，管理哲學更必須與社會制度和經濟制度相結合，反映社會、經濟的需要。由「道法自然」而形成「無爲而治」的管理哲學是邏輯上的必然結論。「無爲而治」是適合中國古代生產的落後狀態的。對於非常強調「無爲而治」的老子，有必要把他的這種強調與他的另一個思想即「小國寡民」的政治理想對應起來看。老子說過，理想的政治狀態是「雞犬之聲相聞，民之老死不相往來」（《老子・八十章》）。必須看到，老子是極端反對變革的。「小國寡民」的思想，毋寧說是一種反對商品交換、反對市場經濟的思想。從這點上看，老子的思想與儒家「治國平天下」的政治理想是有根本差別的。

但是，必須看到，中國古代的經濟是自給自足的小農經濟，商品交換只是社會中極小的一部分，並受到很大的限制。老子的「小國寡民」思想與封建帝王的好大喜功是格格不入的。但老子這一思想中隱含的反對商品交換、反對市場經濟的觀點卻很受歡迎。中國古代封建國家一般是崇本抑末、重農輕商的。古代農業生產力低下，剩餘產品本來不多，加上維護國家機器和王室的費用，在實際上可以用來流通的產品相當有限，國家對商業和其他產業加以限制，以減少農業產品在這些領域的耗費，應當說有其合理之處。同時，對於極其分散、數量又極多的自給自足的小農經濟，國家既無可能也無必要的加以直接、嚴格的管理控制。嚴格的管理需要增加大量管理費用，這是封建經濟所無法維持的。實際上，中國歷史上的一次次動盪都可以看作是國家爲維護自身存在而導致的經濟危機，繼而引發了政治動亂。當然，這是需要作深入研究的命題。但這種經濟危機的存在則是不可辯駁的事實。另一方面，由於這些小農經濟自給自足的特性，管理上任其自在自爲，反而有利於其生存。與此同時，這些以家庭爲主的小農經濟由於規模小，又有親緣關係維繫，在內部管理上非常簡單。這些都促使「無爲而治」的混沌管理有其很大的可能性和實用性。

另一方面，「無爲而治」用相當簡化的方式處理人際關係，這也是「無爲而治」的思想能被廣泛接受的原因。這種方式因而具有很明顯的倫理學涵義。從理論上看，「無爲而治」的哲學基礎是黃老哲學中的自然主義和辯證法，但一經轉爲一種行爲哲學和行動綱領，「無爲而治」就設定了一種新的倫理規範。「無爲而治」並非如其字面上的意思那樣是什麼也不做，相反的，「無爲而治」體現了從不同角度來調節人與人的關係、調節領導者與被領導者的關係、調節人與自身的生存環境的關係。

「無爲而治」曾是歷史上有名的「文景之治」的理論根據。這爲我們研究它的具體涵義提供了實際資料。長沙馬王堆出土的《經法》等帛書，經學者研究認爲是佚失的《黃帝四經》，從而使歷史上有名的「黃老思想」能以比較完整的面貌出現。依據這些資料，「無爲而治」深刻的倫理內涵可以得到比較完整的發掘。《老子》又名《道德經》，大體上〈道篇〉講一般哲學，〈德篇〉講管理哲學。老子曰：「聖人後其身而身先，外其身而身存。非以其無私邪？故能成其私。」（《老子・三十九章》）這種說法，歸根結底不能脫開功利的目的：無私而能成其私。這是對管理者的要求。管理者必須不考慮個人的得失，然後才能有個人的利益。這也是「無爲」的一個方面，即管理者不刻意地去行個人的作爲。這與儒家的「身正」有所不同，但在方法論上是相同的。

「無爲而治」的另一個涵義是環境倫理方面的。這是人類長期生產實踐所形成的正確認識。黃老哲學展開了這種認識的哲學底蘊。人與自然應當保持一種和諧的關係。嚴格說來，環境倫理的認識在中國古代的管理哲學中是始終貫徹的，也不僅是黃老哲學如此。《經法》說道：「天地立、聖人故載。過極（失當），天將降央（殃）。人強勝天，愼辟（避）勿當。天反勝人，因與俱行。先屈後信（伸），必盡天極，而勿擅天功。」所謂「過極失當，天將降殃」，很明顯地是指人與自然的關係，必須調節在一個適度的範圍內，否則就會受到自然的報復。其原因在於自然是人立足的基礎（「天地立，聖人故載」）。這一自然倫理意識，不應視爲一般的辯證觀念。辯證法只是黃老哲學的一般哲學基礎，而把自然與人的關係視作一種倫理關係，才是此處最突出的。

西方現代之所謂環境倫理學，本質上是把自然環境人格化了。這對從十七世紀以來的西方機械論的世界觀而言是一大改變。環境倫理學把自然環境作爲對話的對象，而歷來的觀點則是把自然作爲開發、索取、強奪的對象。與之不同，中國古代哲學的基本態度是強調人與自然的統一、和諧的，這也正是黃老哲學的基本精神。

但中國古代的環境倫理思想也並非只存在於黃老哲學中。儒家學說中也有著與其精神基本一致的說法，例如，孟子就曾說過「數罟不入洿池，魚鱉不可勝食也；斧斤以時入山林，材木不可勝用也」（《孟子・梁惠王上》）。只是孟子此處的說法更經驗化和功利化，而黃老哲學中的環境倫理思想則源於中國古代哲學的整體論的世界觀。

中國古代管理思想中有比較濃厚的「無爲而治」的影響，已見於前。事實上，中國歷史上延續時間較長的朝代，在其建立之初，都實行過或至少部分實行過無爲而治的方針。在一九四九年以後的中國歷史研究中，就曾存在著關於統治階級是否實行過「讓步政策」

的爭論。這類爭論並不是對歷史史實的考辨，而是爭論從階級觀點出發，能否把歷朝建立之初所實行的政策看作是統治階級的「讓步」。這種爭論，其答案早已存在於前提之中。在史實上，人們的看法是相對一致的。例如，比起前朝或本朝末期，相對穩定的歷代王朝在其建立之初，統治者的生活豪奢程度是較低的，甚至可以說是比較樸素的。漢高祖劉邦在禮儀方面的排場，還是儒生們教會的。漢文帝劉恒、唐太宗李世民、清聖祖愛新覺羅・玄燁（康熙）等都有生活上比較儉樸的名聲。與此同時，向農民徵收的稅賦等也相對較輕。在長期動亂平息之後，國家也往往削減軍隊，放馬歸山，士兵解甲歸田。所有這些，無疑是合乎「無爲而治」精神的。

「無爲而治」本身就是管理的混沌。有人認爲老子提倡一種水性管理，這也不無道理。但水性管理只能是一種比喻性的說法。「無爲而治」實際上是不區分管理主體與客體的管理，是不區分界限的管理。「聖人無常心，以百姓心爲心。」「以其不爭，故天下莫能與之爭。」「夫唯無以生爲者，是賢於貴生。」《老子》中這些管理論述，界限的模糊是主要的特徵。

文化倫理主義

中國傳統的管理哲學包括對文化倫理的特殊重視。無視已有的研究成果顯然不是一種科學的態度。事實上，東西方學者不約而同地想到同一件事情，即中國傳統管理對現代東亞經濟起飛的作用首先是由於文化與倫理因素，這並不是沒有緣由的。中國傳統管理思想尤其是儒學在文化與倫理因素上表現出了與其他國家和民族截然不同的特性。

中國傳統管理哲學是以人爲核心的。孔子的主要思想之一是「仁」，「仁」尤其是其倫理思想的主體。按照《禮記・中庸》的記述，孔子回答什麼是「仁」的問題時，直截了當地歸結爲「仁者，人也」。孔子的另一個同樣簡短的說法是「仁者愛人」。所謂「愛人」，無非是人際關係協調中的一種理想狀態。因此，中國傳統的文化倫理結構是以人倫即人際關係爲主的結構。所謂文化倫理，實際上就是人際關係的秩序與協調。

文化倫理主義的形成有若干有力的促成因素，其中之一是中國傳統管理哲學對人性認識的混沌。中國歷史上著名的人性論，可以歸結爲這樣幾種主要觀點：孔子、墨子的「性純可塑論」、孟子的「性善可塑論」、荀子的「性惡可塑論」、韓非子的「性惡論」、告子的「性非善非惡論」以及後來的「性有善有惡論」和「性三品論」等。所有這些觀點，在後世都有其繼承者，只是「性善可塑論」在近古更爲家喻戶曉（透過《三字經》的宣傳，所謂「人之初，性本善，性相近，習相遠」）。但在理論界，對人性的認識並未統一過。

中國傳統管理中的文化倫理結構是從屬於組織人本主義的，即文化倫理結構服從於組織人本主義關於組織原則的認識，服從於組織穩定性目標。文化倫理主義就是文化倫理結構的觀念形式。文化倫理主義並不是爲文化而文化、爲倫理而倫理的，而具有相當明顯的功利傾向。這一傾向，是歷史上不少明眼之人早已看出來了的。比如明代李贄就認爲：「夫欲正義，是利之也；若不謀利，不正可矣。吾道苟明，則吾之功畢矣；若不計功，道又何時而可明也？」（《藏書》卷三二〈德業儒臣後論〉）又說：「天下曷嘗有不計功謀利之人哉！若不是眞實知其有利益於我，可以成爲之大功，則烏用正義明道爲耶？」（《焚書》卷五〈賈誼〉）但如仔細分析起來，李贄所言的「功」、「利」是一種廣義的「功利」。廣義的功利目的，如李贄所謂之「大功」，無非是指平天下，穩定天下大局。需要說明的是，功利傾向本身似乎不應簡單地評價爲好與壞。人類的存續是最大的功利傾向，這與部分邪教以自殺來到達彼岸世界的想法（未必沒有功利傾向），顯然是不可比擬的。但人類當然首先應該維持自己在此岸世界的存在。

文化倫理主義所涉的管理活動的基本假設前提是倫理中心原則，儒家的「仁」、「義」觀具有非常明顯的倫理中心的色彩。「仁」和「義」都有著非常直接的管理目的。尤其是孟子，更是自覺地把仁義說用於管理之中。他的有名的斷言是「仁義而已矣，何必曰利」（《利孟子・梁惠王上》）。僅「何必曰利」這一句話，孟子就說了三次。仁義的作用何在？孟子接著說：「未有仁而遺其親者也，未有義而後其君者也」。換言之，有了仁義，就能透過人際關係的確定來穩定整個管理系統的結構。孟子的說法儘管也受到過批評，如北宋李覯就認爲孟子此話有點過激，但它在歷史上有其穩定的地位，尤其在宋明理學的興盛期及以後，連批評者也很少了。

文化倫理主義所隱含的管理結構可以用春秋時的「義以生利」（《國語・晉語一》）來概括。在這一結構中，「義」是放在首位的。「利」只是「義」的衍生物。顯然，這是與西方現代管理完全不同的一種管理結構和管理觀念。在文化倫理主義的管理觀念中，管理者和被管理者對待「義」和「利」的態度是截然不同的。被管理者是重利的，但管理者不同。管理雖然也要功利，但既不可明言功利，又不必使用功利手段。只要用「義」來引導，用「義」來規範，管理者的功利就能取得。很難說孔子的「罕言利」（《論語・子罕》）和孟子的「何必曰利」同時都是一種自覺的策略手段。但在策略方法上，以「義」來規範人的行爲和以「利」來激勵人的行爲是有天壤之別的。首先是體現在管理價值觀和管理目的的不同。以「義」來規範，其目的是保持現有結構秩序的穩定，服從於穩定的管理價值觀。而以「利」來激勵，則是著眼於效率和展開，建基於發展的管理價值觀。其次，「義以生利」的功利目的是隱蔽的，功利的獲取在於對「義」的遵奉，而並非赤裸裸地言利。這也完全不同於《管子・國蓄》的「見予之形，不見奪之理」的純策略。最後，這一方法的實行是非常複雜曲折的。要達到功利目的，先要進行教化，使被管理者接受

「義」的觀念和「道」的訓練（《論語・陽貨》：「小人學道則易使」），從而自覺維護管理系統的穩定。這種管理結構具有非常明顯的複雜和混沌的特點。

在文化倫理主義的倫理關係中，人際關係是主要的關係。中國古代也有自然倫理傾向，但這是與農業生產的實際目的相關的。人類不能破壞農業（包括牧、漁業等）生產的基本條件如水、土、植被和野生動物種群等，也不能違反生物生長的自然規律如農時。自然倫理傾向與傳統哲學思維相結合，是混沌無爲的管理哲學產生的基礎。但是在傳統管理哲學中，人倫是最重要的人際關係規範。

儒家人倫關係在管理方法論上的重要性是其並不以直接的管理手段來控制管理關係，而是以文化倫理方式來實現管理目的。西方現代管理文化的功利目的有時顯得過於直露，變成了一種簡單的籠絡手段。西方管理思想中的人際關係理論也是如此。功利目的過於直露並不是一種好的方法。儒家的管理目的是含蓄的、混沌的。孟子說「何必曰利」，有故意隱藏管理目的的嫌疑。即便如此，處理人倫關係的這種方法也比西方過於清晰化的以企業獲取利潤爲管理目的要好得多。在人際關係的處理中，儒家維護基本的社會等級秩序，但有時也幾乎是刻意追求混沌的。其中最明顯的是孔子的話。「葉公語孔子曰：吾黨有直躬者，其父攘羊，而子證之。孔子曰：吾黨之直者異於是，父爲子隱，子爲父隱，直在其中矣！」（《論語・子路》）所謂「直」，只是親情關係的直。這是因爲文化倫理主義的人際關係是一種維護穩定的關係。

中國傳統的倫理關係是相當全面的。從管理角度看，最重要的首推「忠」、「孝」。這也是在中國長期的封建社會中最受重視的倫理觀念和倫理關係。就倫理關係而言，忠是臣民對君主，孝是子女對父母。忠孝之重要，關鍵在於兩者是維持社會穩定的主要方法。以孝持家，以忠報國，有此兩種主要的倫理關係，國家就能保持穩定。但在所有的這些倫理規範中，孝悌是最基本的。孔子的學生有若說過；「其爲人也孝弟，而好犯上者鮮矣；不好犯上而好作亂者，未之有也。」所以，「孝弟也者，其爲人之本與？」（《論語・學而》）有若是孔子的弟子，弟子的言論被記入老師的書中並且被記在全書的首章，足見編集者對這些言論的重視。這些言論由於被編入《論語》而同樣成爲先聖的哲言。孝悌被不少人（如近人南懷瑾）認爲是中國文化的精神，其實這種精神的背景就是穩定的管理價值觀，有若的話正透露出了其中的玄機。據說爲孔子的學生曾參所作的《孝經》，對「孝」的發揮更多，認爲孝是「天之經也，地之義心，民之行也」（《孝經・開宗明義》），孝「始於事親，中於事君，終於立身」（《孝經・三才》），明王「以孝治天下」（《孝經・孝治》）。實際上，如同古代家庭是國家的全像映照一樣，孝也是忠的全像映照。但除此之外，人倫也廣泛存在於各個方面，除了社會等級的規定外，還包括了宗族、地域以及社會交往的種種關係。《論語・學而》記載曾參每天都要自我反省三件事，其中之二就是「為人謀而不忠乎」，「與朋友交而不信乎」。

傳統的人倫關係在董仲舒之後形成了「三綱五常」的封建集體化綱常體系，並在中國近兩千年中成為實際的人際關係規範。這種情況與「三綱五常」的穩定作用是分不開的。董仲舒把孟子的「五倫」改造成「三綱」，即「君為臣綱，父為子綱，夫為妻綱」，而「五常」則為「仁、義、禮、智、信」。「三綱五常」的內容，尤其是「三綱」，成為封建宗法等級體系的主幹，對於維護封建社會的穩定起到了極其重要的作用。

文化倫理主義還暗含有管理者為道德君子的假定。孔子的「君子喻於義，小人喻於利」（《論語・里仁》）已經相當明顯地透露出其中的涵義。孔子的「君子」雖然也有其他意義，但《論語・陽貨》所謂「君子學道則愛人，小人學道則易使」，把「易使」的小人與君子相對比，其中的君子顯然為管理者。孔子談到「愛人」時多半也是針對管理者所提的要求，尤其是在這類君子、小人的對比中。雖然對於歷史上或現實中的統治者、管理者，孔子有其實際的評價，但這種假定仍然貫徹在儒家的或傳統中國的管理哲學之中。這種方法與近代科學在對客體進行研究時先將客體理想化的方法大同小異，研究時的對象實際上是已經理想化的模型。

◎混沌管理的實踐依據

中國古代之所以形成混沌管理方法論，還有其非常強烈的實踐因素的作用。這種作用大體上構成兩種條件，一種是使混沌管理能夠產生的條件，一種是使之必然形成的條件，即必要條件和充分條件。理論原因只是使之能夠產生的條件，而實踐依據則同時具備了必要和充分的涵義。

訊息方面的原因

管理的清晰化和規範化在很大程度上取決於所能取得的訊息的多少、時限及可靠的程度。現代管理對訊息的依賴使得訊息管理系統成爲現代企業不可缺少的一部分。現代經濟與科學的發展使得任何企業都必須重視及時獲取經營訊息和其他訊息。現代大企業內部生產的銜接、協調也使訊息的準確、及時的傳輸、處理成爲必不可少的日常工作。控制論的創始人，同時也是訊息論的創立者之一的維納曾經說過，任何組織所以能夠保持自身的內穩定性，是由於它具有取得、使用、保持和傳遞訊息的方法。

中國古代社會的保持穩定，也有自己的傳遞訊息的特殊方法。古代非常重視驛道的修建和管理，並建立了一套透過在驛道上逐站換乘坐騎來迅速傳遞情報的方法。唐朝的楊貴妃還曾用驛道來傳送新鮮荔枝。周幽王烽火戰諸侯的故事則表明早在西周或更早時期，中國就已經有了飛速傳遞專門訊息的方法。此外，古代官吏的述職制度和報告制度，以及國家的邸報等，都表明古代國家管理中對訊息的高度重視。在軍事活動中，訊息的及時處理已成爲一條重要原則。古代兵書大都非常重視金、鼓、旗、幡等的制定和運用（如《孫子・軍爭》、《管子・兵法》等），即因爲金、鼓、旗、幡都是訊息工具，用來進行內部管理，統一軍隊的行動，孫子所謂「故金鼓旌旗者，所以一人之耳目也」。

但是，中國古代的訊息技術儘管已取得可觀的成績，對古代社會的穩定具有非常重要的作用，但是這種訊息技術仍不足以保證訊息的準確、及時的傳遞和處理。中國古代的決策、控制、指揮等等，仍然不得不在混沌狀態下進行。孫子曾提出過一條重要的軍事原則：「將在外，君命有所不受。」（《孫子・九變》）這對於古代君主制國家來說，幾乎是大逆不道的。但一般而言，並無什麼重要的思想家對此原則提出異議，其原因蓋在於人們普遍認識到：準確、及時的訊息對於作戰是非常重要的，而君主遠離作戰前線，根本無法及時得到訊息，因而「君命」往往並不合於作戰的實際，甚至可能導致重大的失誤。

訊息傳遞的問題對於古代中國這樣一個幅員遼闊的大國而言，一直是非常重要的。由於訊息的嚴重扭曲和遲誤，決策者經常會作出錯誤的決定，甚至釀成國家、人民慘烈的損失。歷史上這樣的事件並不少見。晚清統治者經常作出極其錯誤的決策，甚至在軍隊大獲全勝的情況下，仍對戰敗的國家割讓土地，這不能完全歸咎於賣國主義政策，至少有一部分原因是訊息傳遞的問題。當然，訊息的扭曲與延誤常常也是政治腐敗的結果。這是不能不看到的。

在只占有少量而又扭曲的、並且常常是過了時效的訊息的情況下，管理只能是混沌的。這種混沌表現爲管理者必須只根據極少量的可能是過時的或錯誤的訊息作出決定，因而需要在很大程度上借助於理論分析、觀念指導甚至直覺判斷。中國古代統治者在決策時借助於卜筮等神祕活動，其訊息方面的原因就是訊息的嚴重缺乏。《尚書·洪範》就要求在有重大疑難時要「謀及乃心，謀及卿士，謀及庶人，謀及卜筮」。《周易》則是一本卜筮之書。《左傳》、《國語》等古代典籍中都記載了大量統治者依靠卜筮來決定行動的事例。應當說，卜筮的大量存在與訊息的閉塞是有著直接的因果關係的。在缺乏必要的訊息來完成對實際事態的判斷的情況下，運用卜筮一類方法，至少可以增強行動的信心。

因此，由於訊息處理的原因，混沌決策和混沌控制的情況是不可避免的。

經濟方面的原因

中國古代社會長期以來處於封建社會階段，自給自足的小農經濟占主導地位。一般地主只是把田地租給農民以收取地租，就具體的經濟活動方式與生產經營方式而言，與農民也沒有什麼兩樣。中國古代的生產極度分散；社會分工程度低，農業以外的產業部門發展落後；商品經濟不發達，市場的作用很小；社會經濟活動處於較低的層次。在這種情況下，國家對宏觀經濟加以調控的作用範圍小，作用程度低，調控目的與實際效果形成極大的反差。中國古代傑出的經濟管理學著作《管子》，曾強調以經濟手段爲主、以行政手段相配合的調控方法，設想透過「輕重之術」和「國軌」把全國所有的餘糧全部集中到中央政府的手中，從而可以自由地調控全國的物價。然而由於生產力發展落後，訊息傳遞渠道很少、傳遞速度低下，交通運輸又極不方便，這種管理清晰化的嘗試根本就無法實現。《管子》曾提倡「官山海」，把自然資源控制起來，並透過壟斷經營來獲取高額利潤，甚至精確計算過價格提高後所獲取的壟斷利潤的數量。《管子》提倡的這些作法無疑是與混沌管理相反的，但這些措施往往只是理論上的，在實踐中根本無法推行。即使某些在後世曾經受到重視的調控政策，其作用也極其有限。像平糴、平準這一類穩定物價的政策，以及國家提高農產品價格的措施等，由於農民投入市場的產品極少，因此從中的得益微乎其微。這種自然經濟不能形成發達的市場，國家的調控不能不受到極大的限制。而宏觀管理也因此只能是混沌的，其結果與目的根本不能對應。漢代桑弘羊推行過「平準」和「均輸」的政策，其作用已經與《管子》的設想相距很大了，而在國土進一步擴大以後，這些措施也終於無法推行。北宋王安石推行的變法以失敗告終則是一個很好的例子。

同時，小農經濟造成了千百萬個獨立的經營者，其經營範圍極其狹小，其經濟組織就是家庭。在這種情況下，除了國家的宏觀經濟控制以外，生產經營者的經營管理與家庭管理是完全合爲一體的。而家庭內部的利益區分在家長制的前提下，又表現得並不明顯。由於生產方式的落後、生產效率的低下，極少量的產品只有透過在整個家庭中作全局考慮才能保持家庭和個人的生存，即個人必須依靠家庭來維持自己的生存，而家庭組織又必須依靠其成員來保持家庭的存在和發展。中國古代長期存在的溺嬰、賣子女等陋習，實際上是家庭組織爲維持自身存在和現有成員的生存而作出的調整，並不應單純看作是個別的殘忍和落後，在這種情況下，個人利益基本上是與整個家庭的利益相一致的。同時，在家庭內部，利益的衝突又帶上了血緣關係的溫情脈脈的面紗。赤裸裸的利害關係不得不以更爲撲朔迷離、更爲朦朧含糊的方式表現出來。顯然，這種情況使得微觀生產管理無法依靠對利益的分割來實現。

生產方式落後、生產效率低下還導致巨大的管理成本。要維護大一統的封建帝國，維持中央集權制，其代價是極其昂貴的。國家需要豢養大量專職官吏和大批職業軍隊，行政費用和軍費需要占去國家大量的財政支出。在經濟極不發達的情況下，要保證政治的集中，需要巨額的財政經費，僅僅因此而進行的人爲大調運，就已經意味著驚人的浪費。例如，歷代為維持國家訊息傳遞所建立的驛道制度，其維護費用就相當驚人，何況其中還要作諸如「無人知是荔枝來」這樣的宮廷消費品的傳遞。

從中國古代國家經濟週期性地遭破壞來看，國家強制性的、直接的、規範化和清晰化的宏觀經濟調控有著不可推卸的責任。由於國家宏觀經濟調控的局限性，調控措施完全可能造成對經濟的大破壞。最極端的例子是王莽在西漢末年及建立新朝後所進行的宏觀調控。王莽是中國經濟思想史上的一怪。西漢後期經濟狀況急劇惡化，土地大量集中在顯貴手中，財政支出惡性膨脹，錢幣流通量極大，物價騰貴，農生活惡化，私人奴婢數量劇增，農業勞動力缺乏。在此情況下，王莽試圖扭轉這種局面，在當權後採取了一系列的經濟調控措施：實行「王田制」，禁止土地買賣，抑制土地兼併；禁止奴婢買賣，後改為向蓄奴人家徵收每名三千六百文的口錢，以經濟手段限制私人奴婢的使用；實行「六管」政策，規定鹽、鐵、酒由國家專賣，銅冶錢由國家鑄造，名山大澤由國家管理，並推行五均市，包括評定物價、開展平準業務、收購呆滯貨物、賒貸等；實行幣制改革等等。王莽所採取的經濟調控措施，從經濟思想上看，甚至可以說包含了一些傑出的認識。但是這些措施多數只維持了三年左右，只有「六管」政策才勉強維持了十二年。王莽的失敗有著政治上的原因，但由於這些政策的急速推行而造成的經濟狀況的進一步迅速惡化，則是其中最根本的原因。

由於受生產力發展狀況的局限，中國國家的財政收入相對有限，君主及其所依靠的整個統治集團的消費是國家財政支出的一大項目。這是許多思想家都看得很清楚的，因此他們一致要求君主降低消費標準，提倡「儉」。《管子》中就提出了消費標準只要能夠保證身體健康，維護禮教秩序，君主生活儉樸，人民就能富裕。道家特別是漢初的所謂「黃老學說」提倡的「無爲」。在很大程度上是要求君主生活上的「無爲」，信奉「無爲」說的漢文帝，生活就比較儉樸。但在實際上，君主的消費膨脹往往是無法抑制的。歷史上生活相對比較儉樸的君主僅僅是幾個大朝代的個別開國皇帝。封建王朝建立的時間越長，君主的生活越是奢侈，皇族也越龐大。而隨著皇族的膨脹，爲之服務的整個消費集團的隊伍也隨之大規模地膨脹。這一部分人口的增長完全符合馬爾薩斯的生活資料按算術級數增長，而人口按幾何級數增長的規律。儘管在歷史上也逐漸形成了把皇室費用與國家行政費用分開的制度，但在實行中卻困難極大。慈禧太后挪用軍費修造頤和園就是明證。即使在實行之時，由於皇室費用的不足，也會出現各種掠奪人民的現象。白居易的詩作〈賣炭翁〉中的「一車炭，兩千斤，宮使驅將惜不得。三尺紅綃一丈綾，繫向牛頭充炭値」，說的就是這種巧取豪奪的情況。

歷史上幾個主要的王朝，在建立之初總是採取經濟上的寬鬆政策，經濟調控的力度是很小的，大多帶有無爲而治的傾向。在這種對生產不干預的情況下，經濟的恢復往往很快。然而，一旦經濟發展達到一定程度，各種矛盾就開始顯現，統治階級的需求也逐漸升級。經濟調控的力度就會逐漸加強，手段也更加直接。然後，矛盾就日益尖銳，調控日益加強，國家的理財變成了搜刮，管理完全失去了混沌性，從而最終導致經濟的崩潰，王朝被推翻，整個歷史又重來一遍。這是古代宏觀經濟調控的悲劇。

政治體制方面的原因

中國古代的政治體制是君主制的中央集權制，君主是國家的最高代表。所謂「朕即國家」的說法，並不僅僅反映統治者的狂妄，也反映了君主制國家的實際情況。孔子是維護君主制的，對春秋時期「禮崩樂壞」的局面極其反感。莊子似給人無君無父的印象，而老子的「無爲而治」的君主，雖僅僅「下知有之」（《老子‧十七章》），但似乎仍然無法擺脫君主制。法家對君主制的維護更是不遺餘力，如《商君書》、《韓非子》等都有非常明確的表述。《管子》中雖然說過要把有德有能可以控制百官的人奉爲君主，似乎對君主的地位問題有特殊的看法，但也同時把君主看作是「出令布憲」頒布法律的人，並要求君主控制所有的權柄，因此也是堅持君主制的。宋朝愛國將領岳飛之所以受到廣泛讚揚，也因爲他「忠君報國」。君主實際上是國家的象徵。正因爲如此，在中國古代國家，君主的權力實際上是不受控制的。但是，不受控制的權力又必然導致腐敗。而腐敗的結果又招致國家穩定的危機。這就與古代管理哲學的穩定的價值觀相矛盾。在這種情況下，管理哲學必然求助於其他的穩定力量。在「組織人本主義」一節中所提到的組織高於個人的原則，以及組織對君主的監督等，就是尋求穩定的主要措施。但是，直接施加於君主的監督控制措施有損於君主的權威，並且可能直接威脅到君主制的存在。因此，這種監督與控制即使在理論上也只能是混沌的。

中國古代管理思想尤其是儒家學說提倡帝王的自身修養，提倡「德治」，不須說正是想利用作爲帝王的個人的修養來防止帝王濫用權力。老子倡導「無爲而治」、「清心寡欲」，是試圖減少帝王對權力的使用，尤其是利用這種權力來滿足自身的欲望，顯然也有很明顯的對君主監督控制的意義。除此之外，中國歷史上對「天」的崇拜，也在一定程度上形成了對帝王的控制。帝王懾於「天」威，在行動上有所謹愼，也就體現了「天」的控制作用了。中國歷史文化理論中，「天」保持了作爲有意志的超越了管理系統的控制力量的形象，並不完全是中國文化的唯心論傾向，實有此管理控制的目的。但這種倡導和控制的作用明顯是有限的。歷史上荒淫無恥、禍國殃民的昏君絕不在少數。

中國古代封建國家的中央集權制和官僚制，是導致官吏腐敗的溫床。而官吏的腐敗又在很大程度上破壞著這種政治體制，使中央政權所作的宏觀調控措施無法落實，或者一到底下就嚴重變形。漢武帝時用桑弘羊理財，實行鹽鐵官營和均輸政策。到漢昭帝始元六年

（公元前八一年）的鹽鐵會議上，由各地召來的賢良文學就反映，國家實行宏觀調控時，「吏恣留難」，「行奸賣平，農民重苦，女工再稅」，「豪吏富商積貨儲物以待其急，輕賈奸吏收賤以取貴」（《鹽鐵論・本議》）。官吏採取各種方法予以刁難，並藉平準和均輸的機會，把平價商品高價出售，或在物價低時囤積，而在價高時賣出。這些作法顯然嚴重破壞了國家的宏觀調控。更直接的貪污、壓低雇費等也極其嚴重。漢昭帝死時修建墓壙，大司農田延年僱用民間車輛運沙土，每車從國家領取二千錢，而只給雇價一千錢，僅此一項，就貪污了三千萬錢。西漢中期以後，國家使用嚴刑峻法和任用酷吏來打擊貪污等經濟犯罪。《漢書・酷吏傳》說當時的酷吏多得不計其數。這顯然表明，當時的貪官污吏更多得不計其數。官吏的腐敗是古代中國的社會制度下產生的一個不可克服的痼疾。北宋王安石變法，推行青苗法、市易法，設常平倉等，從理論上看是有一定效果的宏觀調控措施，但這些措施未能實行多久就失敗了。其失敗的原因，在很大程度上是由於貪官污吏的行為破壞了這些措施的合理性和有效性。顯然，此類情況的存在使得管理本身不可能不是混沌的。在這裡，混沌管理充分表現出了它的消極面。

古代中國的中央集權制也同時造成了管理幅度方面的原因。現代管理學表明，人的管理能力是有限的，其所能直接管理的人員數目受到個人管理能力的很大限制。管理幅度原理可以說是現代管理學的一個基本原理。中國歷史上分封諸侯王的政治措施，在一定程度上帶有減小管理幅度，從而加強管理有效性的因素。但這在實踐上是失敗的。分封制導致政治集權的失效，這使得歷代帝王都不遺餘力地加強中央集權制。古代的中央集權制把所有重要的權力全部集中在中央，這在管理幅度上造成了很大的問題。君主的精力、能力均不足以在相當嚴格的程度上對全部中央機構的大臣進行有效的管理。儘管古代建立了非常龐大的行政組織，包括中央機構和郡縣制，以彌補這方面的不足，但是由於財力物力的不足，這一組織的龐大程度仍然受到極大的限制，無法形成現代所能理解的管理幅度。過大的管理幅度使管理本身的嚴密程度降低，管理的規範性、精確性都受到相當大的損害。除了對人員的管理幅度之外，管理地域的過於寬廣所造成的問題絕不亞於人員的管理幅度問題。實際上這也是一類管理幅度問題。

4 混沌管理的策略方法

作爲穩定的管理哲學的一個組成部分，混沌管理的方法論體現在中國傳統管理的許多具體方面，並且具有自己的具體原則和方法。

◎修己安人：道德至上與示範方法

中國傳統文化是否只是一種道德倫理性質的文化，這似乎是不必討論的。但從韋伯的《新教倫理與資本主義精神》問世，從道德倫理的角度討論經濟發展已經成爲一種時髦。而把東亞經濟的高速發展歸功於儒家倫理道德的觀點又大有人在。

「教化人」假定與「道德人」假定

從現代經濟管理理論形成以來，人們已經對於在經濟管理中的研究對象「人」作出了衆多假定，以作爲研究的基礎。這些假定有時是不自覺的。實際上，假定反映了研究者對人的本質的認識，反映了研究者的世界觀或哲學。在這些假定中，已經爲人們熟知的如「受僱人」、「經濟人」、「社會人」、「系統人」、「管理人」，都在不同程度上隱含了人的行爲方式及其後果。結論包含在前提之中。

中國傳統管理哲學對人性的假定是複雜的，並且衆說紛紜。從性惡到性善，以及各種中間狀態都有。前已有述，此處不贅。比較統一的認識是，人性是可變的，可以透過教化而改善。孔子雖說過一句「唯上知與下愚不移」（《論語・陽貨》）。但從儒家聖人孔子也自稱「吾非生而知之者」來看，眞正「上知」者是沒有的。相對而言，則「下愚」恐怕也不多，或根本只是一種修辭手段。實際意思是，誰都可以透過學習來完善自己，除非你自以爲是「上知」或「下愚」。

在中國傳統管理思想中，對人的教化始終被看作是一種非常重要的管理手段。這並非起始於孔子，但孔子和儒家對教化思想的發展對管理哲學中「教化人」假定的確立起到了巨大的推動作用。《論語・陽貨》中說「性相近也，習相遠也」，反映了孔子非常重視後天的學習。在孔子的思想中，「君子」與「小人」的界限是相當嚴格的。孔子的「君子」大體上是指知識份子和統治者，更多情況下是指理想化的統治者。而孔子的「小人」，則除了少數例外，一般是指被統治者。君子透過自覺的學習來提高、完善自身。孔子在感情上更偏向於教化君子，一生都是爲了教育、引導君子學習，而對於教化小人則不太熱衷。他雖然也說過「君子學道則愛人，小人學道則易使」（《論語・陽貨》），但偶然遇到小人學道的情況，卻莞爾失笑了。儘管如此，孔子卻非常重視透過君子的行爲來影響小人。顯然這也是一種教化手段，即道德示範的手段。在孔子的思想中，小人是可以透過教化來改變其行爲的。

除了儒家之外，事實上中國古代的其他大多數學派也同樣贊同教化手段。比如在可以稱爲中國古代的經濟管理學派的《管子》中，就對教化有一種特別的感情：「若夫教者，摽然若秋云之遠，動人心之悲；藹然若夏之靜云，乃及人之體；䆗然若皓月之靜，動人意以怨；蕩蕩若流水，使人思之，人所生還。」（《管子・侈靡》）教化，飄然好像秋雲的高遠，激起人心中的悲意；溫柔得好像夏日雲彩的恬靜，擾及人的肉體；深邃得好像皓月的靜默，以哀怨動人心扉；平易坦蕩像流水，令人思念，令人神往。《管子》是一部非常冷靜的著作，在某種程度上甚至有些枯燥，唯獨此處對教化的作用過程，則描述得頗具意境，如一篇抒情散文。

「教化人」是混沌管理的人性假定基礎。「教化人」假定包含如下幾個主要內容：人的本性屬難確定，但都可以透過學習和教化加以塑造或改變；教化的根本點是道德，而道德教化以道德示範爲最主要的方法；人的需要即生存需要以及相應的維護家庭的需要，教化要以滿足這些需要爲前提。

與現代管理的人性假定相比，「教化人」的文化倫理的色彩更濃。教化人是變化的人，就這一點（且僅就這一點）而言，教化人假定與工業心理學關於人格處於逐漸成熟的過程之中的認識相同。但是，就作爲被管理者的人的獨立地位而言，教化人並沒有超越組織人本主義關於組織高於個人的原則。另一方面。教化人假定雖然適合於處於管理系統中的每一個人，無論是管理者還是被管理者，但是君子與小人的界限是嚴格存在的。「小人學道則易使」，被管理者所接受的教化只是使之「易使」而已。

與西方管理理論中的人性假定相比，除了受僱人以外，教化人對個人的作用、地位是認識不足的，並且並不認爲要發揮個人的作用。教化人與受僱人的區別除了帶有不同經濟制度的明顯烙印外，更受到不同文化傾向的影響。受僱人是純粹的被管理者，出賣勞動力給企業主以換取物質報酬。從僱佣者的角度看，只有嚴格管理才能使受僱人努力工作。用麥克雷戈的X理論說，對於絕大多數人必須加以強迫、控制、指揮，以懲罰相威脅，使他們爲組織目標而付出適當的努力。顯然這是在僱佣制度下的觀念。

教化人的假定中，雖然管理者與被管理者同樣具有受教化的義務和可能，但兩者的權利和等級則有極大差別。從理想狀態看，管理者是君子，甚至是聖人。但一般而言，或者現實地認識問題，管理者與道德君子還是有差異的，因而需要進行自身修養，開展學習，受到教化。古代文獻中討論管理者個人修養的內容很多，可稱得上汗牛充棟，而且各家各派的文獻都有。各派對管理者個人修養的側重點則有所不同。儒家以道德修養爲主，其他各家也有以鍛鍊各種能力和性格爲主的，一直影響到歷代所謂明君的最高統治者與管理者——皇帝，比如唐太宗李世民就曾多次說過要修養自身的道德。李世民雖然處在權力的頂峰，但他較少濫用權力，並且比較能聽從大臣的勸誡。他對待諍臣魏徵的態度就比較有代表性。魏徵經常對李世民的作法提出規勸，而李世民則常對他的諫言感到非常惱火，甚至說要殺了他。但到了魏徵去世，李世民卻流下了眼淚。他有一段頗有感慨的話：「以銅爲鏡，可以正衣冠；以古爲鏡，可以知興替；以人爲鏡，可以明得失。朕常保此三鏡，以防己過。」（《貞觀政要・任賢》）清聖祖康熙也有類似的清晰見解：「人主勢位崇高，何求不得。但須有一假敬畏之意，自然不至差錯。即有差錯，自能省改。若任意率行，略不加謹，鮮有不失之縱佚者，朕每念及此，未嘗一刻敢暇逸也。」（《大清聖祖仁（康熙）皇帝實錄》卷四三康熙十二年）唐太宗和清康熙帝都是中國歷史上堪稱聖明的最高統治者，他們的言行表明他們確曾努力過，以保持和不斷提高自己的道德修養。

在混沌管理中，人性假定事實上是有等級性的。皇帝和官吏至少有相當一部分是適用於所謂「道德人」假定的。在混沌管理所構成的系統中，管理主體與客體的分別與對立是非常明顯的。這可以說是混沌管理系統中唯一缺乏混沌特性的。這是因爲在儒家所支持的封建社會的等級制度中，統治者與被統治者的界限是非常清楚的。而在一般情況下，政治統治系統與管理系統是一致的。在生產方式落後的社會中，管理在根本上就是對人的管理。在封建社會中，農民和小手工業者是生產的主體。在他們身上，簡單的生產資料、生活資料與生產者有非常明確的依附關係，只有在市場經濟逐漸發展起來之後，物質資料的管理才成爲管理的重要組成部分。生產工具的高度發展，尤其是向工業自動化的方向發展之後，對人的管理才被對物質資料的管理所掩蓋。

混沌管理中作爲管理主體的是君主專制體系中的君主以及輔佐君主的各級、各部官吏。混沌管理對這些人的人性假定是「道德人」。他們具有高尚的行爲道德，同時也能夠自覺地進行道德修養。儒家文獻中反覆強調的「先王」、「堯舜」等，都是「道德人」的典型。不過，「道德人」假定有一定的限制條件，並非所有管理者都適合的。大多數人仍然符合「教化人」的假定，需要透過教化過程來進行各自的行爲道德規範。

應當說，「教化人」的假定在某種程度上提高了儒家的地位。除了「道德人」之外，所有的人都要透過教化過程來提高自己的道德修養，而教化者則由儒家當仁不讓了。

道德至上與道德示範

中國傳統管理哲學非常推崇道德修養。孔子極有名的一句話「修己以安人」（《論語・憲問》），這句話可從不同角度理解。古人云：詩無達詁。其實孔子的話亦無達詁，歷代學者都是從自己的立場去理解。但「修己安人」從管理哲學角度去理解，可以認為「修己」是手段而「安人」則是目的。《論語・子路》中說：「其身正，不令而行。其身不正，雖令不從。」這段話正是從方法的角度來討論管理，可為「修己安人」作一注腳。

以「修己」作為管理的主要方法，這是以儒家道德至上論為基礎的。現代學者在討論所謂東亞經濟模式時，也多以儒家的倫理道德觀念和規範作為問題的主要方面。孔子講「仁」，孟子講「義」，仁義道德是儒家思想的代名詞。

「修己」在儒家中的重要性怎麼強調都不會過分。在後世儒家所確定的儒家經典「四書」中，「修己」或類似的「修身」之類到處都有。《大學》把修身作為「自天子以至於庶人」的「本」，是發展了孔子在《論語》中所表達的思想的。但《大學》中也透露出「修身」的眞正目的，是透過在各層次上的運作從而達到從家到國到天下的穩定。《大學》並不說要治理天下，而只是說「欲明明德於天下」，儼然是以道德的推行為己任。這句話當然還可以有別的解釋，但如果解釋為推廣一種高尚的道德準則，則與《大學》的原義不會相差很遠。德是至上的。

但就方法而言，「修己」在很大程度上是一種示範，所謂「以身作則」而已。示範方法是人類經驗繼承的主要方法之一。無論是在簡單的體力勞動中，還是在複雜的科學研究中，示範是不能缺少的，並且是訓練新手極其有效的手段。春秋時期齊國管仲曾作過重要的改革，讓士、農、工、商四民分居定業。農、工、商三民，是社會生產的主要力量。由於同職業人員的群集，生產技術技能就能透過日常活動而積累。手工業工人子弟從小就開始辨別材料的強度、器件的構造、掌握製作的方法與技巧等，並且可以透過語言講解操作過程，透過示範解釋竅門，透過操練來熟習工作。商人子弟從小就開始瞭解社會上的物資的餘缺，從而懂得物價變化的規律，而且充分熟悉各種運輸方式和經商過程，講的是利潤，目的是賺錢，因而對商業活動瞭如指掌。農民子弟從小在田間勞作，熟悉各種農具的使用方法，瞭解農作物季節和耕種的要領，並在長期的農業勞動中鍛鍊了身體，能勝任艱苦的農業勞動。這樣，農、工、商以及士等四民的職業都能透過長期的日常訓練而傳遞到下一代，從而保證了四民的世代職業分工。在古代，生產技術水準比較低下，缺乏理論提煉，生產技術的繼承和發展主要靠經驗積累。應當說，這種世代職業分工是與低下的技術水準和技術教育水準相符合的，對發展生產非常有利。示範方法對於受教育者的要求是純樸混沌，這樣，「少而習焉，其心安焉，不見異物而遷焉。是故其父之教不肅而成，其子弟之學不勞而能。」（《國語・齊語》）其實不僅在教育手段比較原始的古代是如此，即使在現代科學教育中，示範性質的科學薰陶也是相當重要的，並不只有理性的、理論化的傳授。科學哲學家庫恩甚至認爲每一時期的科學規範也透過廣義的範例來傳遞。不過，庫恩的範例與此處所說的示範已有相當的差別了。

儒家的「修己」更強調道德倫理上的示範，從倫理學角度看是一種非常合理的方法。道德倫理作爲一種行爲規範，需要透過實際行爲過程才會固定化。事實上，對於道德倫理而言，示範作用遠比說教重要的有效。故孔子對季康子說：「子欲善，而民善矣！君子之德風，小人之德草。草上之風必偃。」（《論語・顏淵》）

但是，「修己」又是一種混沌管理方法。所謂「恭己正南面而已」，是孔子所理解的一種管理方式。全文是「無爲而治者，其舜也與！夫何爲哉，恭己正南面而已」（《論語・衛靈公》）。「恭己正」並非只是作出一種姿態來，而是要透過長期的修養才能達到的狀態。作爲管理方式，「修己」就是讓管理者作出道德示範，在無形中影響受管理者的行爲。古代講究「南面而治」、「垂裳而治」，就是一種「無爲」的管理。管理者並不提出具體的管理要求，而被管理者在管理者的道德威望之下自然地達到這一要求。

應當說，「修己」這種道德示範的方法，在古代是有相當大的效果的。「修己」的道德示範表面上首先是對管理者而言，即要求管理者嚴於律己，以身作則，成爲道德的典範。應當承認，這種提倡的積極意義是很大的。在君主專制體制下，雖然統治者並不能使「修己」貫徹始終，在每一朝代都存在著許多獨斷專行、奢侈淫佚的君主，但它卻起到了相當大的牽制作用，也確實影響了君主的行爲。歷史上，儒家對道德的提倡還造成了一批在道德上比較自覺，在實際管理中比較英明的君主，如唐初的李世民、清初的愛新覺羅・玄燁（康熙）等。

但是，道德示範的作用對象主要是普通人民、一般受管理者。前引《論語・顏淵》中的「風草」之說，是其理論根據。如果按照現代分析方法，人民群衆受道德示範的影響有許多方面的原因，包括權威和權力、風俗習慣、從衆心理等涉及政治學、社會學和心理學的因素。「風草」之說並不作這種分析，而只是從效果上提出了結論性命題。這種宏觀論述方法，其實也是一種混沌性質的方法。能吸收這一思想精華的君主，在其管理實踐中也是相當成功的。唐太宗李世民對這種示範作用認識相當清楚，曾說過：「堯、舜率天下以仁，而人從之；桀、紂率天下以暴，而人從之。下之所行，皆從上之所好。」（《貞觀政要・愼所好》）李世民能對唐朝的穩定起到奠基性的作用並不是偶然的，與他對這種道德示範的管理方法的深刻理解和實行是分不開的。

從管理方法論角度看，道德示範是一種間接控制。間接控制的作用機制是一種非決定論性的因果關係。人的行爲過程是受各種因素影響的，首先是人的基本生存上的需求。生存上的需求通常對人的行爲具有決定作用。但是，人的複雜性使人還有各種其他的需求，這在馬斯洛的需求層次論中已經作過相當充分的探討。道德示範是把一種高層次的需求向人們展示，從而誘導人們按照倫理道德的要求去做，顯然其中存在著相當大的不確定性。倫理道德可以形成一種群體的意志，強迫群體中的個體去實行。而由「修己」所代表的道德示範則不同，對人展示的是一種道德力量、意志力量。這樣的一種間接控制，從嚴格的邏輯推論來看是不確定的、模糊的、混沌的。正因爲如此，《管子・牧民》中的「倉廩實則知禮節，衣食足則知榮辱」就變得十分重要。這段話其實說明了一種道德控制得以成立的機制，提出了其前提。孔子要求「足食」，孟子要求予民「恆產」，提出「有恆產者有恆心，無恆產者無恆心」（《孟子・滕文公上》）的命題，都在某種程度上看到了這一問題。儘管如此，儒家卻仍然堅持道德至上的原則，孔子甚至認爲國家管理的三件大事中，「足食」、「足兵」都是可以去掉的，唯有「信」不能去掉，「民無信不立」（《論語・顏淵》）。而深受儒家思想影響的中國傳統管理哲學，也同樣把道德問題放在首位，經濟理論問題和實際的經濟問題倒常常不在考慮之列。如被孫中山先生稱爲中國經濟學之「濫觴」的《管子》，在歷史上的影響就比較小，而且在《管子》中提出的大量傑出的經濟理論思想與經濟學命題，在此後的兩千年中幾乎沒有任何發展。相反的，先秦儒家的倫理思想卻在以後的各朝得到了大發展，並且形成了封建的綱常倫理體系。

◎「中」與「和」：系統的穩定與和諧

任何社會都存在著各種形式的矛盾和鬥爭，有時甚至可能達到激烈對抗的程度。中國傳統社會當然也不例外。但在理論上，中國傳統管理思想卻提倡「中」與「和」，而反對相互間的鬥爭。應當承認，這種提倡對於緩解社會矛盾並不是毫無建樹的，對中國古代社會的穩定起到了一定的作用。

所謂「中」、「和」，初始涵義主要是在感情的顯露方面。《禮記・中庸》說：「喜怒哀樂之未發，謂之中；發而皆中節，謂之和。」董仲舒要求「喜怒止於中，憂懼反之正」（《春秋繁露・循天之道》）。兩者的涵義是統一的，都是指感情的壓抑、節制。但「中」、「和」顯然並不僅是感情問題。儒家把「中庸」視爲最高的美德（《論語・雍也》：「中庸之爲德也，其至矣乎」），甚至還是天地萬物得以育生的根本。《禮記・中庸》說：「中也者，天下之大本也；和也者，天下之達道也。致中和，天地位焉，萬物育焉。」把「中」、「和」的地位提到如此之高，如果只是用來指喜怒哀樂之情態，那是很難解釋的。除非那是指最高統治者或最高管理者即「聖人」的感情狀態。推而廣之，才涉及一般君子乃至普通人。

《禮記・中庸》的喜怒哀樂，應當理解爲統治者或管理者對事件的態度。管理者透過表明自己的傾向來推動管理系統的行爲，這是中國傳統管理的一種非常巧妙的方式，也是與道德示範相對應的一種管理方式。管理者的一喜一怒，一笑一嗔，在君主制的權威背景和君臣父子的等級結構下，透過忠孝觀念而具有極大的管理意義。唯其如此，《禮記・中庸》如此褒揚「中」、「和」，才是可以理解的。而管理者的感情表露也就需要格外愼重。

事實上，伴隨管理者的喜怒哀樂的，通常也會有一定的行爲措施。而在中國傳統的政治制度下，這些行爲措施必然引起整個系統的一系列的動盪。正是由於這一原因，傳統的管理思想才要求「中」與「和」。

可以說，「中」就是一種混沌管理。「中」的方式之一是不表明態度「君子之道，暗然而曰章。小人之道，的然而曰亡。」「君子不動而敬，不言而信。」（《禮記・中庸》）其實都是無爲而治的方法。由於不表明態度，事情反而能得到自然解決。「中」的第二種方式是取折衷的態度或意見。孔子讚譽舜的管理方法是「執其兩端，用其中於民」（《禮記・中庸》），就是這個意思。孔子認爲「君子中庸，小人反中庸」（《禮記・中庸》），對於中庸之外的兩端，即「過」與「不及」，孔子都是反對的。

孟子對於中庸的管理方法，有自己的看法。孟子提出「執中無權，猶執一也。所惡執一者，爲其賊道也，舉一而廢百也」（《孟子・盡心上》）。這就是說，執著地堅持中庸，實際上也是一種偏執的行爲。堅持中庸或中道，還需要有權變。孟子的方法，有較廣闊的變化餘地，是更爲圓通的一種管理方法。而在堅持中道時，孟子的方法也更巧妙，稱爲「君子引而不發，躍如也。中道而立，能者從之」（《孟子・盡心上》）。管理措施甚至不必實行，只要中道而立，引而不發，就能夠號召有能之人，形成管理力量。

對於中庸哲學作爲一種具有某種穩定功能的思想，毛澤東是有所發現的。他在致張聞天的書信中寫道：「過與不及，乃指一定事物在時間與空間中運動，當其發展到一定狀態時，應從量的關係中長出與確定具有一定安定的質，這就是『中』或『中庸』或『時中』。」他認爲孔子的中庸思想是「孔子的一大發現，一大功績，是哲學的重要範疇，值得好好解釋一番。」同時，他還指出了「孔子的中庸觀念沒有發展的思想」（參看毛澤東的《毛澤東書信選集》，人民出版社，一九八三年版）。執行了「中」，也就保證了安定或穩定，但是中庸思想並非發展的價值觀。

以組織穩定爲目標的管理，與西方現代以創新、發展爲目標的管理是有天壤之別的。「中」正與組織穩定性目標完全相合。不僅是「中」，中國傳統管理還崇尚「和爲貴」，以「和」的方式解決管理過程中出現的矛盾與衝突，解決不同的意見分歧，保持目標的一致性。「和」正是一種混沌方式。「和」不是以對系統的分析、對系統的條理化來處理組織內部的矛盾，而是保持一定程度的混沌調和狀態，與西方的方式截然不同。

孔子的學生有若在管理方法論上偶有相當精闢的論述，被記載在《論語》中。《論語．學而》中有若發表意見說「禮之用，和爲貴」，這段話成爲後世管理方法論上的名言。《禮記．儒效》中也有些類似的話，叫做「禮之以和爲貴」。禮與法不同，法是完全強制執行的，禮的執行卻並不是僵硬的，法基本上是由管理者向個體施加的，禮則在原則上是由個體的人自覺執行的。就具體的禮儀規範而言，禮與法制律令並無很大的差別。根據儒家經典文獻彙編的《十三經》中，《周禮》、《儀禮》和《禮記》都記載有大量具體的禮儀規範，體現出嚴格的等級制度。封建王朝也用法律來保證禮的執行，違反等級制的禮儀是有大罪的，尤其是當其觸及皇權時更是如此。例如，明初德慶侯廖永忠僭用龍鳳花紋，被處極刑，甚至連營建殿堂的工匠，也全被處死。到宋以後，禮的規範又發展爲極其嚴格的封建禮教。

但是，禮的約束畢竟與法是有區別的，尤其從管理方法論角度看，兩者的區別就更大。在儒家思想中，禮主要是以個人的道德修養來維繫的。孔子說「克己復禮爲仁」，並且要求「非禮勿視，非禮勿聽，非禮勿言，非禮勿動」（《論語．顏淵》），都只是以個人修養爲依託。

「和」是以禮爲根據的，是禮的具體方法和目的（即「用」）。「和」作爲管理目的，直接帶有穩定的涵義。值得注意的是，「和」與「仁」也不無關係。在孔子那裡大致可以解釋爲「愛人」的「仁」，到董仲舒時有了更多的調和內部矛盾的意思。他認爲，如能做到「好惡敦倫，無傷惡之心，無隱忌之志，無嫉妒之氣，無感愁之欲，無險陂之事，無辟違之行」，就會「其心舒，其志平，其氣和，其欲節，其事易，其行道。故能平易和理而無爭也，如此者，謂之仁」（《春秋繁露．必仁且智》）。在這裡的所謂「仁」，如果以「和」解之亦無不可。仁即是和，唯其和，故不爭，不爭，組織才能穩定。這就是「仁」、「和」與管理方法論的邏輯關係。

「和」不否認差別，所以孔子說「君子和而不同，小人同而不和」（《論語．顏淵》）。對孔子的話不妨理解爲，君子可以和平相處但仍然保持個人的特點或觀點，小人可以形成一致的意見卻相互爭鬥。「和」只是調和矛盾，而不是消解矛盾。在一個穩定的系統中，矛盾的存在是一般規律，而表面上看來不存在矛盾的情況，或只是在極短時間極小範圍內，或者正醞釀著更大的危機。在這個意義上說，「和」具有更大程度的保持穩定的涵義，並且也更合乎客觀實際。《管子．白心》說「和則能久」，對此可謂有深刻的認識。

中國傳統文化是非常重視「和」的。古代對管理系統的環境非常重視，將系統、環境的根本問題概括爲天時、地利、人和。《荀子．王霸》說：「上不失天時，不下失地利，中得人和，則百事不廢。」在這裡，天時、地利、人和是管理系統的環境、資源和人的條件，三者在管理系統中的地位和作用是平等的。然而，中國的文化傳統已經將這三者的關係改造爲「天時不如地利，地利不如人和」。這句家喻戶曉的名言，既反映了中國文化傳統對人的作用的重視，同時又把人起作用的機制歸結爲人的關係的協調即「人和」。因此，「和」是混沌管理的關鍵內容之一。

◎愚民政策與混沌管理策略

《論語》中有一句話，是歷來都有爭議的。歷來統治者都以「民可使由之，不可使知之」（《論語・泰伯》）爲聖人古訓，新文化運動時期激烈反對儒學的保守主義，提出「打倒孔家店」的新文化代表人物將這句話看作是反對民主、愚弄民衆的政治手段。而試圖在不違背尊孔傳統的基礎上進行維新的康有爲等人則採取了文字遊戲式的手法，將這句話重新斷讀爲「民可使，由之；不可使，知之」。意爲民衆如果可以驅使、推動，就任他們去；如果不能，就要教育他們，使他們懂得。如此一來，孔夫子就絕沒有愚民、輕視民衆的意思了。還有人把它斷句爲「民可，使由之；不可，使知之」。不過，這些說法並沒有得到多少人的贊同。中國語言文字的多義性在某種程度上也是造成混沌認識的一個原因。

與孔子的觀點相同，老子也說過類似的話：「古之善爲道者，非以明民，將以愚之。民之難治，以其多知也，故以知治國，國之賊也，不以知治國，國之福也。」（《老子・六十五章》）

顯然，「民可使由之，不可使知之」確實合於中國古代封建國家專制體制的需要。它長期約定俗成的涵義並不是輕易可以否定的。但在這裡，我們並不是要簡單地譴責這種觀點。自從各種較封建思想進步的思想產生以來，這種譴責或是批評已經夠多的了。本書只是想客觀地考察這一觀點在整個混沌管理方法論中的意義。從中國傳統的組織人本主義的管理哲學看，這可以看作是一種基本策略。

在混沌管理方法論中，管理過程並不表現爲清晰、規範、數量化與最適化。管理只是一種驅動、示例、約束的過程。頗能代表中國古代經濟管理思想精華的《管子》，其開卷第一篇就是「牧民」。牧民者，管理民衆也。管理民衆卻稱「牧」，其驅動、示例、約束的涵義昭然若揭。古代用「牧」字甚爲普遍，甚至用作官名如「州牧」等，其用意可見一斑。對於這種以驅動、示例、約束爲主的管理過程，被管理者自然不需要瞭解管理目的和管理方法，也不需要懂得管理本身。民衆只需要按照管理者的意圖去做。

「民可使由之，不可使知之」是與組織人本主義的管理方法論和價值觀完全相合的。組織人本主義以組織高於個人，個人服從組織的需要爲前提，當然不能讓個人充分瞭解行爲目的，以免使他爲避開危險、逃避責任而影響組織任務的實施。

作爲策略，「民可使由之，不可使知之」的思想方法與透過神祕文化的影響來控制人民的行爲是完全一致的。神祕文化是混沌管理的工具之一。孔子自己對待神祕文化的態度是「祭如在，祭神如神在」（《論語・八佾》）。這句含混的話引起了後來關於孔子是有神論者還是無神論者的爭論。其實《管子・牧民》中的「不明鬼神則陋民不悟，不祗山川則威令不聞，不敬宗廟則民乃上校，不恭祖舊則孝悌不備」，倒是對孔子的態度作了最好的注釋。《管子》中的內容大都不受後世儒者重視，而唯獨牧民等幾篇在後世影響很大。《管子・輕重丁》中還提出了「故智者役鬼神而愚者信之」的命題，更直截了當地把鬼神之說作爲愚弄工具。但孔子大致上是不相信鬼神的。《論語・述而》記載「子不語怪、力、亂、神」，可以作爲某種證據。而且孔子還「敬鬼神而遠之」（《論語・雍也》）。孔子的愚民思想和方法，在古代中國知識份子中大體是普遍奉行的，包括對鬼神之說的態度。直到近代新文化運動時期，還有人直言不諱地攻擊新文化「遂本科學家世界無帝神管轄，人身無魂魄輪迴之說，奉爲國是，俾播印於人人腦髓中，自是而人心之敬畏絕矣。敬畏絕而道德無根柢以發生矣！放僻邪侈，肆無忌憚，爭權奪利，日相戰殺，其禍將有甚於拳匪者！」（轉引自魯迅的《熱風》）可見孔夫子的這一混沌管理策略影響之深。

在戰爭中，組織的整體性顯得更爲必要，因此不使民瞭解戰略意圖的要求有時更爲強烈。在這種情況下，將領甚至可以完全不顧士兵的個人欲望而實施戰略目的或戰術目的。馮夢龍的《智囊‧術智部‧權奇》記載，宋將狄青征儂智高時，拿了一百個銅錢，對士兵們聲稱，如果神意讓我們勝利，銅錢就全部面朝上。謀士們紛紛勸止，但狄青不聽。銅錢撒出後，果然全部面朝上，隊伍因此士氣大振，結果大勝而回。狄青裝神弄鬼，用一百個兩面都是一樣的錢來激勵軍心，而軍隊也居然「舉兵歡呼，聲振林疇」。這是「不可使知之」的一個典型。甚至在更嚴重的情況下，將領也只在最後關頭才讓士兵瞭解自己的處境。如衆所周知的成語「背水一戰」，漢將韓信在率兵攻越時就命令士兵背水列陣，漢軍前有大敵，後無退路，只有拚死作戰，結果大破趙軍。《史記‧項羽本紀》記述了有些類似「破釜沉舟」的故事。在這些戰例中，將領都要求士兵效死，然而士兵也只有在執行背水列陣或破釜沉舟時才瞭解事情的嚴重性。

「民可使由之，不可使知之」的命題含有與西方觀念完全不同的「群氓」假定。西方觀念中的群氓是受經濟利益驅動的，而此處的群氓則完全受強制性的行政權威驅動。西方觀念中的群氓是受經濟利益驅動的理性動物，而此處的群氓根本就是可由管理者隨意驅趕的無理性的動物。這是反映不同的社會制度和思想文化的兩種觀念。顯然，後者是更加落後的一種假定。

拋開這一假定不談，「民可使由之，不可使知之」的確是與組織人本主義和混沌管理論配合得相當默契的策略。

◎經濟管理中的混沌方法

土地管理

中國封建社會的土地所有制的複雜性，對於研究者而言幾乎是一個不解之謎。從整體上看，土地所有權幾乎每隔數百年就要調整一次。戰爭、災荒、時疫、國家政治變動等，均可成爲調整的動力，而占有權、使用權的變動則更爲頻繁。國家可以透過分封、獎勵有功將士以及相反的處罰手段來調整土地的占有權和使用權。如西漢時吳王就可以「王三郡五十三城」（《史記・吳王濞傳》）；西漢末，有人曾「請以新野田二萬五千六百頃」益封王莽（《漢書・王莽傳》）。這類土地占有權或使用權的獲得，一般被認爲是一種政治上的特權。例如，胡如雷就認爲：「在肯定土地私有權存在的前提下，只能認爲，封君、列侯從皇帝那裡取得的，並不是土地占有權，而是一種政治上的特權。」但胡的結論建立在其「在這樣廣大的封國中不可能沒有地主和自耕農的私有土地」的假設前提下，其結論的可靠性就不能不受到影響（參見胡如雷的《中國封建社會形態研究》，三聯書店，一九七九年版）。不過，眞正影響其結論之正確性的，倒不完全在於這一邏輯上的不確定性，而在於中國古典土地管理的混沌方式。任何精確性的研究如果不同時瞭解對象的混沌性，都將受到這種混沌方式的影響而失去其精確性。

「溥天之下，莫非王土」是《詩經・小雅・北山》中的語言，作爲詩的語言，其本身有其多義性。但這句話又的確代表了一種政治主張，是有關封建王權的宣言，因而在後世仍被反覆宣傳。然而這句話又有其經濟的和管理的意義。

「溥天之下，莫非王土」在其產生之際顯然是反映當時客觀經濟與政治情況的。在春秋戰國之前的中國社會，土地是非私有的。在其後，所有制逐漸發生變化。公元前五九四年魯初稅畝，標誌著對土地私有權的承認。私有土地的出現，給管理帶來了新的問題。此後在長達兩千年的歷史中，管理理論與管理實踐在土地歸誰所有的問題上存在著巨大的分歧，造成了土地私有權的不確定性。事實上，直到明朝，仍然有人在提出恢復井田制的主張，如海瑞就提出過「欲天下治安，必行井田，不得已而限田」（《明史・海瑞傳》）。

孟子的「恆產論」和「井田制」是對後世影響很深的土地管理理論。由於中國封建社會占主導地位的思想是儒家思想，因此，作爲「亞聖」的孟子的言論自然受到格外的重視。孟子的「恆產論」認爲，人民的基本行爲方式是「有恆產者有恆心，無恆產者無恆心」（《孟子・滕文公上》），只有「士」才能例外。如果沒有穩定的產業，人民群衆就會做出各種邪惡的行爲。因此，他要求每家有「百畝之田」，「五畝之宅」。宅地上種植桑樹，養殖家畜，田地上種糧食。只要不被剝奪農業勞動的時限安排，人民就上可以供奉父母，下可以養育妻子兒女，豐年能塡飽肚子，災荒年份也不至於餓死。儒家雖然重視社會倫理甚於重視社會生產，但在人民生存的基本問題上，認識還是非常清楚的。孟子的「井田制」，提出了一種設計完善的方案。他提出讓農民每八家耕種九百畝田地，劃成井字形，每家一百畝，另有一百畝是公田，農民們共同耕種公田，進出都在一起，相互友好和睦，有困難疾病相互幫助。各級官員也各有安排。孟子的井田制在後世被儒生們反覆提及，作爲土地與人口關係的合理模式。從唐朝中葉直到清代，關於井田制的爭論從未停止過。如明代知名人士方孝孺、海瑞等都是主張恢復井田制的。但井田制畢竟帶有空想性質，在現實中是無法實行的。

井田制就其理想形式而言，是一種建立在良好的道德標準和組織人本主義管理哲學基礎上的土地國有制。人人都歌詠「雨彼公田，遂及我私」（《詩經・小雅・大田》），思想境界極其高尙。但是井田制意味著管理的規範化，意味著不能有任何發展和改變，這在事實上是不可能的。

明人蔡虛齋說得好：「三代以降，井牧之政不復，又別是一乾坤矣。天下之生紛紛董董，上之人大概都不甚照管他。號照管者，恐亦未盡其道。只是任他自貧自富，自有自無，惟知有田則有租，有身則有庸而已。田連阡陌由他，無置錐之地亦由他也」（《西園聞見錄·治生》）這實在是對中國封建社會普遍的自組織狀態的極好描述，亦可爲「無爲之治」作一注腳。

國家對土地兼併的抑制可說是國家在宏觀上對經濟調控的主要政策之一，但作用很小。土地兼併的盛行，根源在於土地私有制和土地自由買賣制度。在農業經濟的條件下，只有土地才是眞正的財富之本。一直到清朝初期，身爲文華閣大學士兼禮部尙書的張英還在說：「獨有田產，不憂水火，不憂盜賊，……舉天下之物，不足較其堅固，其可不思以保之哉。」（張英：《恆產瑣言》）只有土地，不擔心水火，不擔心盜賊，天下所有的財物，全都不及土地堅固，而且不動腦筋就可以保住。正因爲如此，土地成爲人們瘋狂追求的目標，只有極個別的地主不去參與這種追求，如清初的張履祥曾告誡子孫：對田地「雖力有餘，不可多置。多置則宗族鄰里即有受其兼併無土可耕者矣」（張履祥：《訓子語下·重世業》）。張履祥認爲，一戶人家多買了田地，別人就會因這種兼併而失去土地，但有這種認識並付諸實踐的人幾乎是鳳毛麟角。土地兼併受經濟規律的支配，歷代政府所推行的限田、王田、占田、均田等抑制兼併的政策舉措，沒有一項能長期貫徹的。在歷史上，唐朝中期均田制瓦解以後，國家對土地兼併的大規模干預實際上已經宣告終結。這正反映出土地兼併的趨勢無法改變。

中國土地問題一直是最嚴重的社會經濟問題。從秦到清，由於土地問題所引發的農民起義和其他大規模的動亂成為中國歷史的一個顯著標記。管子、孟子和其他許多思想家對土地問題的設想，大致上都要求國家對土地實行宏觀上的嚴格控制，以服從土地與人口相適應的經濟規律。但這種嚴格控制，實際上要求土地的國家所有制。土地為國家所有，是春秋以前就有的思想和現實。《詩經・小雅・北山》說「溥天之下，莫非王土」，正是土地國家所有制的寫照。但隨著社會經濟的發展，封建土地私有制已逐漸成為現實，而國家對土地的強行再分配則已變得日益困難。相反的，利用政治權力對土地強行掠奪而導致的土地兼併，與由於經濟原因導致的土地兼併一起，始終成為土地管理上的一個無法治癒的痼疾。由於缺少新生產力的因素，這類土地兼併對經濟發展並無意義，反而使各種社會矛盾日益尖銳而招致一次又一次的農民起義和其他動亂，使中國古代的社會生產力經受了無數次重複的嚴重破壞，延緩了中國社會發展的步伐。

土地管理上理想與現實的矛盾，是土地管理在實際上的混沌方式的主要來源。

貨幣管理

中國古代對於貨幣的職能是有相當清楚的認識的，所謂「權輕重」、「通有無」即是。秦始皇統一幣制，功不可沒。在長達兩千年的歷史上，除了少數短時期的例外（如漢初），國家幾乎壟斷了鑄幣權。漢初文帝廢除盜鑄錢令，實行自由鑄錢政策，結果釀成「七國之亂」。從漢景帝取消自由鑄錢政策以後，歷代都沿襲了這一政策。但在實際上，幣制混亂的狀態繼續存在。胡如雷解釋這一現象認爲，這是由於在封建社會，自然經濟占支配地位，商品經濟的水準較低，幣制統一的物質條件並未具備，因此，秦漢以後，貨幣的劃一是相對的，幣制的紊亂卻是通常現象，即使在全國統一的環境中，也往往出現嚴重的混亂。

中國古代錢幣一般是由國家壟斷發行的，幣材主要是銅或鐵。私鑄的錢幣常偷工減料。南北朝時，有些私鑄小錢薄得像榆樹葉子，放在水中幾乎都不會沉下去。而最大的問題在於統治者也常將鑄錢作爲解決財政困難的手段，鑄造減重錢或用價值更低的幣材鑄錢。如東漢時董卓就曾大鑄小五銖錢。因此，錢幣的實際價值和交換價值常有相當大的差距。由於錢幣價值較低（鐵幣更低），因此作爲儲藏手段的貨幣往往並不是錢幣。而另一方面，錢幣一旦進入儲藏（主要是藏在地窖裡），就不能隨時補充流通需要。由於這些原因，中國古代錢幣很容易變成背離自身價值的價值符號。而在這種情況下，錢幣的流通數量就與物價有極大的關係。據統計，秦漢以來，物價漲到萬倍以上的就有六次之多，而金代的惡性通貨膨脹，物價竟漲到了六千萬倍以上（一說爲二百億倍）。這種大幅度的通貨膨脹，進一步造成了貨幣流通中的混亂。除了錢幣之外，從宋代開始，統治者還常大量發行紙幣以解決財政危機。

對於鑄造劣質錢幣和濫發紙幣的政策，歷來有見識的思想家都是極力反對的。如北宋曾鞏認爲這將使「民失其用」（《曾鞏集》輯佚《議錢上》），南宋許衡認爲發行紙幣是「制法無義」（《許文正公遺書》卷七《楮幣札子》），明代丘浚則指責濫發紙幣是「設爲陰謀潛奪之術，以無用之物而致有用之財，以爲私利」（《大學衍義補》卷二七〈銅楮之幣下〉）。但是，這些批評並不能改變封建統治者追求財政利益的貨幣政策。統一的中央集權制和君主制國家的龐大的管理成本使統治者無法抵禦鑄幣斂財的巨大誘惑。

貨幣的混沌管理是中國古代管理中具有極大消極作用的管理方式，充分表明了混沌管理的消極、落後、錯誤的一面。

生產管理

歷史上有一些由國家直接進行農業管理的例子。北魏的賈思勰在其所著的《齊民要術》中記載了一位叫龔遂的官員，在任渤海郡太守時曾勸導人民從事農業生產，並且具體規定每個人「種一株榆、百本薤、五十本蔥、一畦韭」，每家「二母彘（豬）、五母雞」，結果人民都富裕起來了。北魏隋唐時期實行均田制，國家指令向農民直接分配部分土地，在這些土地上耕作的農民有一部分必須依照國家的指令在土地上種植不同的作物，如桑、麻等。這些都有明顯的直接管理的因素。明朝的朱元璋當了皇帝以後，曾經規定全國農民有田五畝到十畝的，栽種桑、麻、棉各半畝，十畝以上的加倍。凡不種桑麻的，要繳納絹麻布一匹，不種棉的，繳納棉布一匹。這種直接的指令性種植計畫，明顯帶有直接管理的性質。

但是，由於中國古代生產方式的落後，國家直接管理小規模的家庭農業生產幾乎是不可能的。前述例子也只是一種指令性質的管理，雖然在某些朝代有過，但實行的時間和區域都很有限。在中國長期的農業管理中，基本放任的混沌管理方式是其主流。例如，清初有人建議按田畝數統一規定栽種桑樹，康熙皇帝就批評了這種規定，要求「各隨土宜」（《古今圖書集成・食貨典》卷二七〈皇清〉），不強行制定統一標準。康熙的意思主要是指南北土地存在差異。實際上，小生產方式本身也與這種統一標準相牴觸。國家只向農民收取租稅，而並不對農業生產進行具體管理，這種管理方式正是封建土地所有制下特有的管理方式。

除此之外，從《管子》提出「官山海」、「官天財」的主張以來，國家直接控制山海產品銅鐵等金屬和鹽的經營，管制自然資源，在歷代都作爲重要的經濟管理政策。漢代桑弘羊、唐代劉晏、宋代王安石等，都曾大力推行過與《管子》所述的方法大同小異的政策。在這類經營中，國家委派官吏充任經營管理者，勞動力由官府招聘或調遣，原材料由官府供給，產品由官府分配和直接組織運銷。但為了調動人們的積極性，通常並不是完全控制所有這些方面，而且歷代在具體實行時還往往有所改進與變通。對於手工業，國家一直採取了直接管理、直接經營的方針，設立了大量官辦手工業工場。民間手工業長期以來只是官辦手工業工場的一種補充，無論在經營規模、經營能力、資金、人員和技術上，都難與官辦手工業相比。

國家直接經營管理某些工商業產品，對於國家獲取財政利益是極為有利的，對民間也有不少好處。但弊病也極容易產生，效率低下，質量低劣，經辦人員貪污，百姓購買不便等，都是最容易引起批評的。漢代的賢士曾要求取消鹽鐵專營，理由是所造鐵器質量低劣，價錢昂貴，購買困難而耽誤農時等，唐代韓愈認為完全由國家包攬食鹽的產供銷過程有十二個弊病，其中包括經辦人員缺乏經營的積極性，不利於分散居住的百姓購買等。在歷代所進行的這類經營中，比較成功的往往是直接管理與間接管理相結合的方式。

財政管理

從組織人本主義的角度出發，古代經濟管理的關鍵應當是所謂「制民之產」（《孟子・梁惠王上》），是所謂「養民」（春秋時的邾文公就已說過「天生民而樹之君」，「命在養民」的話，見《左傳・文公十三年》）。孟子提倡的以「制民之產」作為仁政之本，在後世有很大影響。

但在實際上，為國家財政支出尋找財源的財政管理卻成為古代經濟管理的主要方面，並且使財政管理得到了「斂財」的惡名。中國古代理想的財政平衡管理原則應當是「量入為出」的。《禮記・王制》中有其最早的正式文字記載。這裡的「入」，是儒家和其他許多學派所共同提倡的輕斂薄賦。然而，在歷代的財政管理中，「量出為入」卻成為事實上的原則。《史記》記載漢初就實行了「量吏祿，度官用，以賦於民」（《史記・平準書》）的政策。這種政策在漢初統治者比較注意儉省時，也可稱為一項先進實用的政策。但隨著國家疆域的擴大，征戰的增多，機構的膨脹，國家管理費用大大增加。同時，皇室和貴族集團迅速繁衍，其消費也劇烈膨脹。在這種情況下，實際執行的「量出為入」原則，極大地加重了人民的負擔。顯然，這種「量入為出」的原則是不宜公開宣布的。唐代的楊炎提出「凡百役之費，一錢之斂，先度其數而賦於人，量出以制入」（《舊唐書・楊炎傳》），可說是唯一的例外。楊炎實行兩稅法，為要確定稅額而提出「量出制入」，本意是以此確定稅額，而在此後不再使用。但在實行兩稅法後，財政收支仍不平衡，結果只能繼續加稅，使得「量出為入」成為暗中實行的原則。這在歷代也都如此。儘管各朝都有許多知名的學者對此持反對意見，如北宋的歐陽修、蘇軾，南宋的朱熹，明代的丘浚，清代的王夫之等，都曾激烈地批評過「量出為入」，各朝在建立之初也大體上遵奉「量入為出」的原則，但都難以堅持到底。一旦財政發生危機，「量出爲入」就成爲法寶，從而導致國家財政的進一步惡化。很清楚，兩種財政平衡管理原則的矛盾，理想與現實原則的矛盾，表現在財政上就是管理混沌。

另一方面，由於實行君主制的政治體制，國家財政與君主個人消費常常是無法分開的。即使在名義上區分開來，君主以及統治集團的其他人也總是能夠透過權力的公開實施或暗中交易而獲得錢財。這種界限的模糊在中國古代是一以貫之的。

在其他某些特殊的方面，我們也能看到界限的模糊性，例如地方官員的收入。總的看來，歷來地方官員中清廉的不多。留傳甚廣的俗話：「三年清知府，十萬雪花銀」是關於古代薪俸制度的寫照。古代官員的薪俸並不高，歷史上有名的幾個清官都是到死仍未有多少家產的。但在這種情況下，多數官員的灰色收入或曰混沌收入卻並不少。國家對此種情況，實際上是默認的。對於這一點，尙需作專門研究，此處只略提一筆。

總之，財政管理本應是非常注重數量的，但在實際上卻存在著數量界限和其他界限的模糊，這使得財政管理沒有達到清晰化、數量化的要求。

◎混沌管理方法特例

混沌決策

《尚書・洪範》可說是古代政治管理的教科書，是被後世尤其是儒家奉爲管理經典的重要著作。相傳周武王滅殷商後，爲長治久安而訪問商紂王舊臣箕子，請教治國之道，箕子將《洪範》九疇獻於武王，並告知這是上天賜予禹的天地間的大法則。《洪範》中不乏古代管理的重大問題與道理，包括五事八政三德皇極等，然而在此處最有意思的還是《洪範》中的「稽疑」。「稽疑」是關於重大疑難問題的決策方法。這種決策方法雖涉及卜筮，但並不能簡單地以迷信斥之。《尚書・洪範》提出的決策方法是：「稽疑：擇建立卜筮人，乃命卜筮：曰雨，曰霽，曰蒙，曰驛，克，曰貞，曰悔，凡七。卜五，占用二，衍忒。立時人作卜筮。三人占，則從二者之言。汝則有大疑，謀及乃心，謀及卿士，謀及庶人，謀及卜筮。汝則從、龜從、筮從、卿士從、庶民從，是之謂大同。身其康健，子孫其逢吉。汝則從，龜從、筮從、卿士逆、庶民逆，吉。卿士從、龜從、筮從、汝則逆、庶民逆，吉。庶民從、龜從、筮從、汝則逆、卿士逆，吉。汝則從、龜從、筮從、卿士逆、庶民逆，作內吉，作外凶。龜筮共違於人，用靜吉，用作凶。」

按照西方的古典決策理論，決策過程需要全面掌握有關決策環境的訊息情報，並根據這些情報及對此的理解，提出各種備擇方案，然後作出決策。賽蒙已經證明了這種最優決策過程是不可能的。而在古代，不僅由於訊息媒介和訊息傳遞方法之缺乏而使得訊息的獲取極端不易，而且也由於知識的不完備而使得古人很難對複雜事件作出正確的判斷和決策。然而，一事當前，常常又不得不及時作出決策以採取合適的行動。

決策，其眞實涵義是關於人的社會行爲的決策。它並不像人在對待自然物的行爲中所採取的選擇那樣，範圍狹小甚至常常是唯一的。社會行爲的決策範圍相當寬泛。事實上，這也正是決策可以採用滿意度或可接受性作爲標準的原因。人的社會行爲除了某些極端方式之外，大多數都不會立即造成不可修正的後果。換言之，其行爲後果具有柔性結構。而由於人的心理需要和社會需要，及時的行動則常常比尋找正確的決策更重要。正因爲如此，決策並非完全清晰的行爲，通常都帶有某些混沌特點。或者可以說，混沌決策是一般規律。於是，人們「跟著感覺走」的混沌決策日益時髦，因爲這些決策的結果通常最多只是帶來某些小麻煩，而不至於造成極危險的後果，常常還會有些令他（她）們心情振奮的小意外。

《洪範》所描述的決策方法具有明顯的混沌性，不光在於其中使用了卜筮之法。卜筮的結果與客觀現實的關係即使按照占筮學本身的觀念，也至少是不那麼確定的。但《洪範》中除此之外似乎還遵循了「擬少數服從多數」的原則，三從二逆大體上是採取行動的基礎。只是上天的意志稍勝於人，故而「龜筮共違於人」時，就不能進行任何行動了。所謂「擬少數服從多數」，是指計數單位並非人的個體，而是人的類別或等級。但這種方法，並不能造成決策的最適化，也無法增加決策的客觀性，甚至少數服從多數也是如此。從決策的合理性上說，少數服從多數能反映大多數個人的意願，從而使決策的實行比較順利。但在其他方面，這種方法與擲骰子或硬幣之類並無多大區別，通常都是由於訊息或備擇方案的不完備，因而難於作出最佳選擇。其另一種涵義則是，管理的本質是人。

《洪範》所述決策方法的混沌性與現代決策的滿意度還是有區別的。現代決策理論中的滿意度概念是在預計結果爲正（《洪範》所謂「吉」）的範圍內，預計結果爲負的情況是不予考慮的。而上述混沌性則包括了全部可能結果，正與負，吉與凶。這種邏輯涵蓋的情況說明了《洪範》的決策方法具有更大的混沌性。

就全社會的管理而言，混沌決策有其特殊的實用性。事實上，由於決策涉及決策者的自身知識和能力，高混沌性的混沌決策也是中國古代統治者經常採用的決策方法。從理論上說，高度集權的政治管理體制要求管理者具有極高的知識才能，甚至是全知全能的上帝，而統治者通常也刻意造成這種形象（古時候常有這種套話：「皇上聖明，臣罪當誅」）

。但在實際上，由於世襲制與權利爭奪的影響，帝王的知識、能力是十分有限的。除此之外，訊息傳遞的滯後和畸變也是重大的因素。這就不能不借助於混沌決策的力量認識。查一下中國古代史，在重大問題的決策上，利用天象、龜卜等事件可說是數不勝數。混沌決策在很大程度上反映出混沌管理的混沌特性。

混沌監督與控制

中國傳統的管理理論對於組織的維護機制有其相當完備的闡述。這一維護機制充分考慮到了組織及與之相關的各個方面，但是其中最有意思的卻是混沌監督與控制觀念。

在組織的維護機制中，組織對組織內部成員的直接控制是最重要的方式，「法」是其中最有效的手段。對於一般組織而言，「法」的具體形態表現爲法律、法規、管理制度、規章、紀律、戒律等。儒家並不排斥法制。荀子思想中的法制色彩非常濃厚，連法家思想之集大成者的韓非子及輔佐秦始皇的法家人物李斯，都出自荀子門下。但不僅哲學史家把荀子當作先秦繼孔子之後最重要的儒家思想的代表人物之一，而且後世儒家亦作如是觀。此類事實，包括荀子的相應觀點，史有明鑒，論有定評，毋須贅述。

從組織理論的角度看，法的本質是組織權威的實施。應當看到，在未制定法的情況下的刑賞也具有實施組織權威的涵義，但這種刑賞具有極大的隨意性，與個人的偏好、情緒、學識等密切相關。更為關鍵的是，刑賞降低了組織的作用，而使組織在很大程度上依賴於處於關鍵地位的個人。孔子對具有確立法制意味的鄭國鑄刑鼎一事頗有微詞。這與他強調等級體系有關。同時他更贊同透過「禮」對人的行為規範的調控來維持組織的穩定性。但孔子對「法」的認識顯然是不足的，而荀子的論述則是對儒家組織理論的發展。

但在混沌管理的組織維護機制中，「禮」才是最具特色的。在後儒編定的儒家傳統典籍《十三經注疏》中，專門論述「禮」的著作就選了《周禮》、《禮記》和《儀禮》等三部之多。在儒學中，「禮」的涵義極為豐富。「禮」兼具倫理規範、等級體系、典章制度、禮節儀式等涵義，前人之述備矣。就其作為行為規範而言，儒家之「禮」又具有某些「法」的涵義。但在維護組織穩定性方面，「禮」主要是透過影響構成組織的基本要素——人的行為來起作用的。換言之，從組織理論的角度看，「禮」的本質是基於維護組織穩定性目標上的對個人行為的規範。作為規範，「禮」有其規範化、清晰化的一面。但是禮在管理中的作用卻並非直接的，而是混沌的。

在「組織人本主義」一節中引用過《禮記．禮運》中的一段話，其中還包括了更多的混沌管理的意義。《禮記．禮運》中說：「故聖人耐以天下為一家，以中國為一人，非意之也，必知其情，辟於其義，明於其利，達於其患，然後能為之。何謂人情？喜怒哀懼愛惡欲。七者弗學而能。何謂人義？父慈子孝，兄良弟弟，夫義婦聽，長惠幼順，君仁臣忠。十者謂之人義。講信修睦，謂之人利；爭奪相殺，謂之人患。故聖人之所以治人七情，修十義，講信修睦，尚辭讓，去爭奪，舍禮何以治之？」

按筆者的理解，「禮」是「聖人」使天下中國成爲一個統一組織的工具。這種組織工作並非隨意進行的，而是要首先知道人情，然後由此而逐步發掘出人情所能接受的行爲規範，建立起人情所能接受的相互關係。而隨著這一關係的建立，組織的基本體系結構也就隨之而建立了。由此可見，「禮」實際上是在人的心理狀態和心理反應基礎上建立的一整套行爲規範。這些心理狀態即「弗學而能」的人之七情。七情之中，以欲、惡爲首。《禮記・禮運》詳述了欲惡中最主要的東西，所謂「飲食男女，人之大欲存焉；死亡貧苦，人之大惡存焉」。要使組織穩定，僅僅順應欲惡是不夠的，還要以禮約束之。這實際上也是因爲以欲惡爲主構成的人心並非很容易瞭解的。「故欲惡者，心之大端也。人藏其心，不可測度也；美惡皆在其心，不見其色也。欲一以窮之，舍禮何以哉？」（《禮記・禮運》）

由此可見，「禮」的約束基本上是一種軟約束，是一種混沌控制，即「禮」是借助於人的心理需求、心理定勢和從衆心理爲主的心理活動來約束人的行爲的，而不像「法」那樣是以強制手段強加給個人的。

「禮」實質上是組織規範在組織要素的內部結構中的功能性植入。因此，「禮」需要透過人格塑造來完成這種植入。孔子要求「道之以德，齊之以禮」（《論語・爲政》），強調「學禮」，其眞實目的正在於此。

後世儒家進一步把「禮」具體表述爲以「忠」、「孝」爲主的道德規範，而「禮」本身的涵義則被一部分人縮小爲禮儀及其相應的器物，這只是「禮」的概念的外延在發展過程中的變化，而「禮」在混沌管理中的地位和作用則依然未變。但「忠」與「孝」在「禮」中的地位上升，則進一步加強了「禮」的組織維護功能。

在組織理論的等級體系中，「君」具有至高無上的地位，「君人者，國之本也」（《春秋繁露・立元神》）。這對於鞏固組織的控制是很有意義的。但如此一來，「君」作爲個人的隨意性增加了。而隨著這種隨意性的增加，組織的穩定性則處於危險之中。爲此，「天」也被刻意強調爲組織的監督力量，尤其是在被董仲舒進一步強化的「天人合一論」中。「天子受命於天，諸侯受命於天子，子受命於父，臣妾受命於君，妻受命於夫。諸所受命者，其尊皆天也，雖謂受命於天亦可」（《春秋繁露・順命》）很明顯，「天」非組織系統的內在要素，故即使「天」眞能監督，也只是組織之外的力量。以「天」作爲組織的監督力量這一思想並非源於董仲舒。在被奉爲儒家經典的《尚書》中，《湯誓》曰「有夏多罪，天命殛之」，《泰誓上》曰「商罪貫盈，天命誅之」，也許應當被看作是一種假借天命以行征伐的策略手段，或是一種非組織力量（新組織力量）取代傳統組織的宣傳攻勢。然而《君奭》中周公曰「天命不易，天難諶，乃其墜命」，又曰「天不可信，我道惟寧王德延，天下庸釋於文王受命」，卻明明是說自己的行爲受到天的限制（當時成王年幼，周公攝政），或受到天的監督，只有「寧王德延」，才不至於被上天遺棄。

抽象的「天」的這種監督作用必須建立在神祕崇拜的基礎上，這在一定程度上是董仲舒形成其頗具特色的「天人合一論」的原因。但這種崇拜畢竟時時遭到懷疑，「天」的物質化觀念常有代替人格化觀念的傾向，這在荀況的著作中已經表現得很明顯。因此，儒家必須另有其更合理、更有效、更義正辭嚴的解釋。這在《尙書・泰誓》中已經很聰明地有所表述：「天視自我民視，天聽自我民聽。」《尙書・泰誓》是否爲周時古籍，史家頗有爭論。若掘此語，則該文似亦僞。但無論如何，至少到漢時，「天」的監督作用已經悄悄地轉移到了組織成員的群體上。因此，儒家創造了一種完整的組織內部的循環監督，把組織外的監督轉移到了組織內部。在這一循環監督中，君監督管理臣，臣監督管理民，而民則透過「天」來監督君，防止君的行爲過於損害組織的利益。

混沌管理的這一混沌監督機制是相當完整、系統的。它涉及到了組織系統的各個層次「禮」在系統要素的內部即人的思想、心理中起作用，「法」在組織系統內起作用，而「天」則從組織系統外部對組織加以控制。後者雖然帶有某些虛擬性質，但透過儒家的改造，仍具有一定的實質性內容。事實上，「民」由於其對自然環境的操作，確實在某種程度上與自然環境一起構成了組織系統的外部環境。

5 現代混沌管理的背景條件

前面我們討論的混沌管理，實質上就是中國傳統管理，包括它的哲學、模式和方法。中國傳統文化對現代社會有極大影響，至少在大陸以及東亞和世界上所有的華人聚居區。這種文化是一種社會的遺傳基因，在根本上決定了一個社會的特性，即使不是所有的主要特性。日本、新加坡、韓國、台灣、香港等，在六、七十年代以來的經濟飛速發展，主要的促進因素是市場經濟和科學技術進步。但是，這些地方都深受中國傳統文化的影響，在管理上又各自表現出了與西方科學管理傳統大相徑庭的風格。這就使人們不能不引起注意：與中國傳統文化相關的管理因素，並不是可以任意忽視的。事實上，在「一九九七世界管理大會」上，已經把中國管理文化爲主體的東方管理文化作爲管理學研究的基本主題之一。

但是，傳統並不能包括現代。任何傳統都是在逐漸改變的。任何這種改變，一旦爲人們廣泛接受，就會成爲傳統。而傳統中的那些無法爲現代社會容忍的陳腐東西，也會被逐出傳統。混沌管理也一樣。它是可改變也應當隨著時代的發展而改變的。混沌管理在這樣的發展過程中衍生出現代內涵是很自然的。適合於中國傳統的政治體制和經濟方式的混沌管理不能全面地直接應用於現代經濟活動，需要作出適當的改變。

傳統的變革需要時間和形勢的配合。有意思的是，以邏輯、數量化和分析方式爲主的西方科學文化和科學管理，在充分地發展了這些確定性的方面之後，卻又開始對東方式的神祕主義和不確定性產生了興趣。正在實踐中的管理方式，以及發展中的管理理論，都在一定程度上轉向混沌。另一方面，東方文化也在其長達幾千年的基本穩定之後，開始了迅速吸收西方科學文化的過程。西方科學管理的精神和方法甚至也在大陸的經濟改革中得到了吸收和傳播。人類文化的統一性傾向在這種發展過程中得到了證明。而現代混沌管理正是這種統一性中的一個部分。

混沌管理與現代管理的區別可以在管理價值觀和管理方法論上表現出來。就管理價值觀而言，混沌管理是以穩定爲基調的，而現代管理則以發展爲主題。更多的差別表現在方法論問題上。混沌管理的方法論已如前所述，而現代管理方法論則總體上是科學的方法論，受到近代科學方法論的巨大影響。即使在科學管理理論已經受到部分批評的情況下，這一點也沒有根本改變。

現代混沌管理應當是傳統的混沌管理與現代科學管理的結合。現代科學技術的發展是現代管理的基本背景。而現代科學的方法論及其在管理中的影響，也無可辯駁地成爲現代混沌管理的背景條件。除此而外，現代企業正在發生的巨大變化，則給現代混沌管理的發展提供了新的契機。

◎近代科學與科學方法

近代科學的發展內涵

西方社會的發展極大地得益於科學技術的發展。這是一個基本的事實。西方社會的物質文明的巨大成就，直接源於兩個方面。其一是經濟組織的改進，在某種意義上也可以看作是管理的改進。其二則是科學技術的發展。這兩個方面應當說是互動的。管理的改進使得現代科學技術得到了更多的社會支持，其研究組織也更爲合理。而科學技術，無論就其成果還是就其方法而言，對管理的影響似乎更爲深刻。

從牛頓時代開始，科學技術的成就就開始轉化爲直接或間接的生產力。在最近的兩個世紀中，這種影響不斷增強，而且呈現了很明顯的加速傾向。其中最明顯的例子就是電磁學的發展與現代能源及通訊的關係。從一八六五年麥克斯韋方程所預言的電磁波到現代無線通訊，以及更早時期法拉第等取得的電磁學成就導致的電力的應用，科學技術極其迅速地並且無孔不入地滲透進人類的生產和生活中。人類的生產方式出現了這樣一個公式：科學理論在短時間內就成爲技術發明的基礎，而新的技術發明又立刻投入了生產。科學社會學與技術社會學對科技成果的這種加速運用於生產中的現象進行的研究表明，這種增長具有幾何級數的性質。另一方面，科學技術的思想影響卻容易被忽視。科學技術往往被看作是一種物質工具，其作用局限於物質生產等方面。然而，科學技術潛隱的思想影響卻絕對不可低估。尤其是科學技術的方法論，因其創造了如此巨大的物質成就而不能不在人們的心目中引起深刻的反響。

很容易理解，科學是一種發展的學科。這至少有兩個意義。首先，科學在對待自然界時絕不是保守的。科學具有不斷開拓新的認識空間的能力。科學是具有極大創造力的學科。如果按照大多數科學史家的意見，把牛頓力學作爲近代科學形成的標誌，那麼近代科學發展至今僅僅三百年。而在這人類發展史上的短短一瞬間，科學卻創造了人類文明從未有過的輝煌。僅僅是建立在訊息技術上的目前的通訊方式，就足以使全世界開始相互間的緊密聯繫和充分協調，這是極了不起的成就。而這距科學最早發現電磁現象的某些規律還不到二百年。其次，科學在自身的發展上也絕不是保守的。即使在近代科學形成的三百多年的時間裡，科學也經歷了自身深刻的革命。特別是本世紀初的相對論和量子力學的建立，無論在思想上還是在方法上都有極其重大而深刻的變革。而新的生命科學的成就，則在更大的廣度上繼續著這一變革。科學革命不僅是一種思想，而且也是一種歷史和現實。科學不僅是促成社會革命的力量，而且在此同時也進行著自身的革命。科學的發展是與整個西方社會的發展息息相關的。

近代科學權威的建立

在科學的發展史上，現代意義上的科學產生於自伽利略以來對實驗方法的確定，但是科學的巨大影響則始自牛頓等建立的經典力學體系。

由於牛頓這一代人所取得的成就，科學的巨大影響已足以造成西方社會對科學的崇拜。這種崇拜絕不是人為的，而是與經典力學的產生及其影響密切相關的。在現代任何一本普通力學的教科書中都可以找到的力學運動的三定律，在其形成之後，對知識界的影響無論如何評價都不會過高。經典力學在兩個方面樹立起了自己的權威。首先，牛頓力學把自亞里斯多德以來的天地界限打破了，實際上是打破了自有人類以來所產生的神的地位。牛頓的運動定律成功地包容了克卜勒的行星運動的三定律和伽利略的運動定律。這表明，所有的運動物體，無論是在天上的還是在地上的，都服從於同樣的力學定律。這實際上是以力學的方式統一了天地萬物。這是自人類產生自己的思想以來的又一次對自然的統一。在它之前，人類只是在神話和宗教教義中統一過自然界，但這種統一是虛幻的，在現實世界中的影響是相當有限的。而牛頓力學對世界的統一則是人類理性的一大勝利。從此以後，人類有了一種眞正確切的方法來準確描畫自然界，雖然還只是以力學的簡單形式。

其次，經典力學的數學結果的確定性極高，使之足以與任何預言者媲美。預言是一種對不確定結果的確定描述。在經典力學產生之前，機械運動的結果並不是確定的，至少是關係不甚清楚的。但是，根據力學運動定律對物體運動所作出的預測，包括對位置和時間的預測在內。其準確性是任何預言家的預言所不可比的，它把預言變成了完全確定的描述，使描述將來與描述現在一樣。根據牛頓定律，哈雷計算出了在近幾百年中最爲引人矚目的一顆彗星的運動週期爲七十六年。哈雷彗星的按期回歸無疑使人們對科學的信心大增。當人們發現天王星的運動軌道與根據牛頓力學的預測有異時，牛頓的權威使他們毫不懷疑地認定存在著另一顆大行星。它所引起的攝動造成了天王星運動軌道的偏離。根據計算，天文學家立即找到了海王星，而且還連鎖反應般地預言了冥王星的存在。儘管冥王星因爲太暗，其最終被發現已經是在相對論和量子力學動搖了牛頓力學的地位之後。經典力學的這種成就導致了一種機械決定論的觀點，其中尤以拉普拉斯的觀點最有代表性。他在一九一二年提出了著名的神聖計算者的觀點。這個計算者只要知道世界上一切物質微粒在某一定時刻的速度和位置，就能算出一切過去和未來。這種機械決定論對幾代人的思想產生了極其深刻的影響。

經典力學的成功，使得最具懷疑精神的哲學也接受了科學作爲一種正確的方法論的思想。法國啓蒙運動的領袖人物伏爾泰甚至稱「我們都是牛頓的學生」。這實際上是對科學的崇拜，可以說是西方幾百年來對科學崇拜的肇端。

除此之外，科學技術又是西方社會物質文明最有力的推動力量。近二、三百年來，西方社會物質文明的發展是極爲迅速的。對電的研究產生的第一批科學成果，至今不足二百年。對電子的研究，如果從發現電子開始，至今不足一百年。然而，人類的能源利用和訊息傳播全都發生了翻天覆地的變化。人們面對的是一個人爲事物的世界，這個人爲事物的世界是憑藉了科學技術的力量創造出來的，生產至多只是大批量地複製而已。在這種情況下，科學技術的方法滲透進人們生活的、思想的各個方面是毫不奇怪的。

近代科學方法的特徵

關於科學方法和科學方法論的研究，是西方科學哲學的基本內容。科學方法論已經發展出了許多流派。至今已經難以有一本權威性的關於科學方法和科學方法論的論著得到普遍的承認，就像費耶阿本德在他的名著《反對方法》中提出的「怎麼都行（any thing goes ）」。但是，科學研究過程中使用過的那些有效方法的特徵，仍可以透過對科學史的研究而得到。而這些方法，由於其在科學上的有效性，作爲科學傳統而滲透進了科學研究的各個領域。

近代科學方法在其形成之初就把對象看作是外在的、客觀的、絕對的，具有穩定不變和簡單的規律性。顯然，這與牛頓開創的力學研究的簡單方式是完全相對的。科學從其最基本的學科起步。恩格斯在分析科學時，曾把各種學科與不同的運動方式相對應。力學對應了最基礎的機械運動。對於宏觀的機械運動，人完全可以從外觀來對其加以觀察、測量，或者施以外力來予以改變。人的觀察、測量並不改變宏觀機械運動物體的運動狀態。在這種情況下形成的方法，帶有決定論、絕對化的傾向是毫不奇怪的。可見，科學方法與科學的研究方式相關。

對象的理想化與模型化。客觀對象總是一個具體的、複雜的事物，而力學所處理的卻是非常簡單的概念，諸如質子、力等等。科學在處理客觀對象時，變了一個小小的然而卻是決定性的魔術，即把客觀對象理想化了。這在哲學中是個頗有爭議的問題。因爲如此一來，客觀對象的客觀性就喪失了。質子、力之類，究竟是現實的事物或特性，還是僅僅是人的思維中的幻想？人們研究的實際上是觀念化了的對象。但是在觀念上容易區分的事情，在實踐中卻並不容易分清，或者相反。這牽涉到觀念與客觀世界在何種程度上是相符合的。事實上，這一轉換在相當長的時期中並未被實際研究所察覺。在力學中，人們繼續處理著諸如質子、完全彈性小球之類的對象，而不知道這種理想化是否眞正是客觀世界的本質。人們只知道，眞實世界中是不存在質子、完全彈性小球這類東西的。任何現實事物都不是沒有體積、只有質量的質子，任何現實事物都只具有不完全的彈性。這只是兩個便於說明的例子。然而，在一定界限之內，這種理想化的方法卻使科學迅速發展起來。理想化方法最初是並不自覺的一種模型化，即爲對象世界建立一個理想化的模型。而科學以研究模型代替研究現實的世界。科學家並不是沒有發現理想化方法的局限性。例如，所謂「理想氣體」的假設：建立理想氣體公式是一個很大的成就，但是現實的氣體行爲與公式的理論推導卻有很大差距。科學家採取的方法是給公式加上幾個修正項。在近代科學的範圍內，絕大多數的理想模型與現實事物符合得非常好，這使得理想化和模型化的方法繼續成爲一種有效的科學方法。理想化方法畢竟使科學研究大大簡化了。自覺的理想化方法已經發展成爲一種建立模型的技術。

簡單化。這個方法帶有很強烈的價值觀色彩。自有人類以來，天地剖分的創世紀神話就在各民族的意識中深深紮根。天地的界限在人們對世界的認識中是完全不可突破的。即使在古代的學術環境中，比如在亞里斯多德的學術認識中，天上的高貴世界和地上的低賤世界是完全不同的。然而，突然之間，牛頓力學把天和地高度統一起來。無論是天空中神祕閃爍的星辰，還是地上毫不起眼的石頭，居然服從於同樣的力學定律。這種震撼世界的偉大革命，給人們一種深刻的印象：世界是高度簡單化的。在牛頓那裡，簡單化是科學的基本法則。牛頓認爲，除了那些眞實而已足夠說明其現象者外，必會去尋求自然界事物的其他原因。……因爲自然喜歡簡單化，而不愛用什麼多餘的原因以誇耀自己。直到今天，我們依然信奉著一些簡單化的眞理，比如愛因斯坦著名的質能守恆方程式等等。也是科學家的哲學家弗蘭克在五十年代出版的《科學的哲學》一書中就乾脆宣布：「如果沒有簡單性，那不會有科學。……要是不過分簡單化，那就不會有科學。科學家的工作就在於尋求簡單的公式。」嚴格說來，理想化也是一種簡單化。

數量化。簡單地定性觀察和定性思考，難以形成精確性的思維，但人類思維的發展注定首先要走向數量化。數量化的過程較之近代科學的形成要久遠得多。從人類有數量概念以來，數量就成爲人的思維精確化的工具。至於數量方法所造成的人類思維的局限性，則是另一個問題。在近代科學形成的過程中，數量化成了重要的方法。在科學史上，伽利略的實驗就是把小球的自由落體運動轉化爲在斜面上的滾動，並以測量小球在斜面上滾動的速度來代替測量垂直下降的速度，從而得到了自由落體的速度變化情況。力學的權威有一大半來自於它的數量方法。自由落體的速度、行星軌道運動、拋物線、彗星的回歸等等無不是因爲其數量的精確性而爲人們矚目。儘管在衆口相傳的故事中，伽利略在比薩斜塔上的輕重雙球的下落實驗，牛頓因蘋果落地而產生的萬有引力設想，都比實際上的數量研究過程更膾炙人口。但在科學研究中，數量研究卻隨著近代科學的產生而成爲一種規範或範式。以數學方式描述世界，是近代科學得以發展的一個極重要的因素。如果近代力學不以自己的極爲精確的方式來表達自己對機械行爲的描述和預見，科學的地位是難以預料的。在科學史上，那些不能以數學的精確方式表達的科學，比如早期的化學和生物學，其最初的地位根本就不能與力學相比。化學直到康尼札羅確立了原子——分子論，以至於人們可以精確地計算化學反應中的反應物和產物的量之後，才眞正成爲人們所認識的現代化學。直到二十世紀初，物理學家還自豪地把物理學稱爲「嚴密自然科學」，而整個科學也以物理學爲標誌。數學的確定性較之機械的確定性具有更大的普遍性。

因果決定論。觀客世界的原因與結果相互對應、相互連結。因果決定論的方法論是科學的基礎。愛因斯坦把透過系統的實驗找到因果關係作爲近代科學的兩個基礎之一。如果事物之間不存在因果間的對應，那麼事物就是不可認識的。但是，事物之間的因果關係在現實中是非常複雜的。而近代科學的方法論恰恰引進了機械的決定論，把事物間的複雜關係簡單化、機械化了。機械決定論是與近代科學在形成時期的力學形式相關的。力學研究對象的機械行爲，對機械決定論具有深刻的影響。同時，力學在處理對象時的簡單化方法也與此有關。由於對象世界是簡單，它就可以由數學的精確性來加以表述。數量的結果越精確，離事物的本來面貌就越接近。事實上，在十九世紀末二十世紀初，物理學界的確有一種樂觀情緒，認爲科學的主要工作已經完成，今後的工作只是讓物理常數更精確化。

最適化。這種方法首先是與數學和幾何相關的。歐幾里德幾何學中的定理之一是「兩點之間，直線最近」，另一定理是「在平面上的兩點之間能作且只能作一條直線」。在機械運動中，也總可以找到唯一的最適運動狀態。這種觀念在物理學等對現代影響最大的科學學科中，體現得最爲徹底。如在物理學中，物體的能量最低狀態是物體的最穩態。而在簡單的微分方程式中，方程式的解實際上就是極限值。對自然界的最適方式的探討成爲許多學科的基礎。人們的思維可以越過大量存在於表面的繁雜現象而去找到問題的本質。最適化是自然行爲的基礎也是人們確定自然規律的基礎，自然行爲若不是最適化的那麼就必然有無數個結果，即以無數個中間狀態作爲結果而不是以最適狀態作爲結果。在這種情況下，根本無規律可談。前述的理想化、簡單化也就是最適化。力學中講究完全彈性碰撞，然而完全彈性碰撞只是一種理想狀態，同時也可以說是物體在碰撞時的最適狀態。類似的情況在科學研究中比比皆是。所有的科學規律或科學定律，都是反映最適狀態的，而不是反映現實狀態的。反映現實狀態就沒有定律。沒有一個現實的力可以產生像牛頓的 $F=ma$ 公式所預示的那樣大小的現實的加速度，只有在最適狀態或理想狀態下才能得到。最適方式的存在，使最適化方法的信仰在科學中得到了最有價值的體現。

分析方法。科學的對象世界是機械的、有規律的和規範的。對象世界的行爲，總是可以透過運用分析的方法來找到原因。客觀世界是由各個部分組合起來的，因而是可以分析和隔離的。以分析作爲最基本的思維方法，大體上可以看作是西方科學方法論的主流。分析方法也是一種一般思維方法，但近代科學的分析方法建立在客觀世界是可以被分割的這一認識的基礎上。從近代科學中產生的科學方法論把世看作是一個機械的世界，這個世界是由各個機械零件組裝起來的，自然也可以拆卸開來加以分析。對每個單元的分析，組合以後就成爲對整體的合適理解。

上述這些思想方法和技術方法，在近代科學形成中都發揮了各自的作用，是近代科學不可缺少的組成部分。近代科學的影響是極其巨大的，整整幾個世紀，它爲西方確立了基本的方法論。這種影響，這種方法論，既體現在具體的科學實驗中，同時也由於科學技術的巨大效用而被稱爲科學的方法而應用於一般生活中，甚至成爲一種世界觀。在馬克思主義哲學中，世界觀與方法論是統一的。馬克思主義哲學既是無產階級的世界觀，又是方法論。科學方法論也是一種世界觀。上述方法在現實的研究中是如此有效，以至於儘管其中沒有一種是完美無缺的，其結論也並非絕對可靠的，但是這些方法全都成爲人們牢不可破的信念，成爲一種科學的基本的方法論。

◎管理學對科學方法的要求

科學與技術造成了人類的物質文明在近幾個世紀中以過去絕對難以想像的速度發展，其本身就足以形成科學技術方法是眞理的表現這種現象。同時，科學方法論又以其幾乎不容反駁的數學和邏輯的嚴密性表明了自己在研究人與自然關係上的絕對不容置疑的優越地位。這些都是造成西方社會對科學方法論有一種特殊崇拜的原因。然而還有一個重要的原因，就是西方人長期生活在科學技術所創造的事物之中，這些事物本身所要求的數學精確性無疑會促成對科學方法的習慣和依賴。

與發展的社會相應的發展的管理，非常自然地向已經產生了巨大影響的科學技術學習思想、技術和方法，科學技術的方法因而迅速地進入了管理學及其實踐。

有效的管理與科學方法

在十九世紀末到二十世紀初，直到科學自身透過物理學革命向公衆宣布了科學本身是並不完美的，人們的觀念才開始有所變化。但這只是體現一部分極敏感的科學家和哲學家中。事實上，對科學的批評雖已從二十年代就開始了，但眞正形成力量，形成社會思潮，甚至形成反科學主義和反技術主義，則是直到六十年代才有的事。而在許多國家、地區，在許多領域內，傳統的科學方法論，包括它的或因它而起的機械論、絕對主義、教條主義，仍然是有很大市場的。

在科學思想和科學方法論向外擴散的過程中，社會研究領域普遍受到了影響。心理學、經濟學、管理學是受影響最大的三個領域。心理學轉向了行爲主義，從內省方法轉向實驗方法；經濟學普遍採用了數學方法；而管理學則更爲徹底。西方經濟學在數學方法上力圖走向科學。然而，在西方學術觀念上，經濟學是否是一門科學仍然大有爭議。在這裡，主要的分歧有兩條，一是數學的運用程度，二是無法進行實驗。十九世紀的經濟學，包括馬克思的政治經濟學在內，只應用了初等數學方法。現代西方經濟學，無論是微觀經濟學還是宏觀經濟學，也大致只應用了比較簡單的數學分析方法。只是在近來，才有諸如組合投資理論等把數學方法的應用推進到更深的地步。至於如協同理論、系統動力學等把自己的方法應用於經濟學研究，或者尙難得到經濟學者的認同，或者還停留於經濟活動的表面現象，難以作爲經濟學使用數學方法的證明。至於實驗方法，對於宏觀的經濟問題而言，根本不可能實際採用，人類無法冒大規模經濟實驗失敗的風險。

受近代科學研究方法影響，也由於人們暫時只能認識比較簡單的世界，理想化、模型化的方法在各種社會科學的學說中廣泛使用著，其中包括經濟學和社會學。經濟模型根本上就是理想化的而不是現實的。人們根本無力把影響經濟的所有因素都在同一個理論內加以考慮。一切融合在模型中的因素都是經過事先篩選的，而篩選過程則成爲另一種最具創造性的過程。理想化方法不可抗拒的魅力具有超過近代科學更大的普遍性。

然而管理學卻在更大程度上向科學靠攏。管理學的科學化的優勢較經濟學更明顯。同時，科學方法論的基本點也更適合管理的需要。從近代科學方法論中可以發現，科學方法論的本質與管理的要求是如此貼近，以至於管理學不必對之作很大修改就可以非常方便地應用。

在管理向現代發展的過程中，需要首先解決的兩個問題，一是企業的效率低下，另一則是企業內部的協調。

企業的效率低下有許多原因：資本家與工人（當時也是管理者與被管理者）間的矛盾、生產操作技術落後、管理機制與制度的問題、企業的經營規模等等。必須看到，所有這些已列出的和未列出的原因之間也是相互牽連的。但其中有些問題如資本家與工人的矛盾其實是資本主義社會的普遍矛盾，並不是靠管理的改進可以完全解決的。而在企業規模不大，內部分工不複雜的情況下，改進生產操作技術成了最主要增進效率的手段。顯然，這一工作與科學技術研究是非常相似的，事實上幾乎是同一的。在這種情況下，引進科學方法論是一件順理成章的事，因此現代管理學在創立初期傾向於科學管理也是毫不奇怪的了。

另一方面，企業內部的協調也已漸漸提上了議事日程。企業規模在這一時期的迅速擴大是極爲明顯的趨勢。面對這種日益擴大的企業，內部協調已經變得極其重要。必須指出，這種協調要有所成就，需要在兩個戰線上取得進步。第一是在技術戰線上。協調的重要部分是在技術上，這在鐵路或生產大型設備的企業中尤其明顯。技術上的規範要求，精確性的要求構成了協調的基礎。第二是在管理的條理化戰線上。管理的人事、財務、生產、營銷、物質等各方面都要求有更高的專業化和嚴格的管理制度。

正是在這兩個方面，科學方法論都有其極大的優勢，使得管理不能不向科學學習方法，吸收科學的方法論思想。對於管理來說，最主要的思想方法論在於規範化（標準化）、條理化、最適化、數量化。而所有這些，又是以管理主體與客體的分離爲基礎的，是以分析方法爲基礎的，這正好是科學方法論的強項。

科學管理：科學方法論向管理的移植

科學管理是管理學形成的最初階段。科學管理既是一種運動，一種思潮，也是一種方法論、價值觀的變化。

科學管理的形成首先是從尋求方法開始的。從十八世紀的工業革命起，企業的發展極爲迅速，其中具有發展意義的是企業規模的不斷擴大。在美國，甚至到一八四〇年，也只有織布廠才擁有五十人以上的規模。但到十九世紀末，現代大型企業紛紛出現，涉及鐵路運輸、鋼鐵、造船等各種行業。大企業的組織、指揮、協調、控制都具有了新的要求。尤其是協調問題，由於現代生產活動都由多道工序前後銜接而成，沒有高度的協調，生產本身的持續進行都成問題，不用談提高效率了。因此，維持大企業的正常運行已成爲突出問題。在這種情況下尋找一種新的具有嚴格規範的管理方法，以便充分協調企業經濟活動的各個環節，已經成爲當務之急，科學管理正是在這種情況下應運而生。

以泰勒主義爲代表的科學管理所進行的工作首先是從最基本的、最簡單的生產活動開始的，這似乎與現代大工業毫無關係。然而，泰勒的科學管理之所以受到普遍重視，卻是由於其最先確立了在管理中使用科學方法，把科學方法論引進了管理之中。這科學方法論雖然最初只在簡單勞動的組織中使用，但對大工業企業的組織卻有著極其重要的作用。

泰勒的理論，如果加以高度抽象，那麼「科學管理」這一名稱是當之無愧的。科學管理的實質在於將科學的思想和方法自覺地引進管理。經過泰勒等人的努力，科學管理方法成了規範化（標準化）、定量化（數量化）、最適化的方法。從牛頓時代以來，西方社會的基本思想就包括了規範化、標準化、定量化、簡單化和最適化。這些思想完全滲透在社會行爲的各個方面。西方社會的法律規定之密、行政分工之細、處理問題之規範等雖不能說都來源於科學方法論，但與之有極密切的關係則是顯而易見的。毋庸細說，這些思想與科學方法論是同源的。

從方法論的角度看，科學管理的崛起恰恰是因爲它在方法上進行了革命。事實上，在當時引起美國各企業興趣的，是以泰勒的名字命名的「泰勒制」，而不是任何別的什麼。在泰勒的創造或以後的科學管理的創造中，工時研究、動作研究、計件工作制、成本核算方法等等，是最主要的內容。而所有這些內容，無非是想透過規範化、定量化、精確化、簡單化、最適化來把管理變得更有效率。而這種規範化、定量化、精確化、簡單化、最適化則正好體現出了近代科學方法論向管理學的轉移。

管理學家和管理思想史家把整個管理學的創生階段都稱爲「科學管理時期」，實在是再恰當不過了。除了泰勒，美國還有甘特、吉爾布雷思夫婦等科學管理的積極推行者，他們的共同觀點就是用充分精確的、適化的方法來使效率達到最高。顯然，這是管理學家的共識。隨便拿出一部管理教科書來，都能看到大段的敘述，談到泰勒或其他科學管理學派的代表人物所進行的工作。在這些工作中，諸如鐵鍬試驗或搬運生鐵試驗等都是最受注意的。艾伯斯敘述泰勒所做的鐵鍬試驗時說，要解決的問題首先是「鏟一鍬特定種類的原料，最適宜的負載量是多少」，以及「鏟各種原料的最好的方法」。試驗的定量結果是，「要取得最好的成績，每一鍬平均負載量應爲二十一磅」。（參看〔美〕亨利・艾伯斯的

《現代管理原理》，商務印書館，一九八〇年版）類似的敘述在科學管理時期是必不可少的。應當說，這些方法僅僅是關於簡單操作的，可以說是非常粗糙低級的。但是，這正像近代科學從原始的萌芽狀態開始形成一樣，近代科學也是從最簡單的方面入手的。

其他人的操作研究與之類似，都從相當低級的生產活動開始。吉爾布雷思的「動作研究」是從砌磚開始的。由於動作程序和工作條件的改進，吉爾布雷思的研究產生了非常明顯的效果。如此顯著的效果不能不引起轟動。事實上，美國在面對推行還是拒絕泰勒的科學管理制度時，曾發生過相當尖銳的鬥爭，國會還爲此舉行了聽證會。這種鬥爭甚至遠傳俄羅斯，列寧專門寫過三篇文章論到泰勒的「血汗工資制」。這裡必須提到泰勒的態度。他始終認爲，由於工作方法的改進而提高了效率，工人的勞動強度並未加大而收入則上升了，其中並不存在剝削的加重。

顯然，操作研究本身就是一項科學研究。吉爾布雷思甚至利用剛剛發明的電影攝影技術，用來記錄工人操作的具體過程。操作研究的結果導致標準化、精確化、最適化等操作方的提出。泰勒的主張可能是有代表性的：「對工廠裡的一切事情，要用準確的科學研究和知識來代替舊式的個人判斷和個人意見。」（參看〔美〕泰勒的《科學管理原則》，中國社會科學出版社，一九八四年版）

但是，科學管理並不僅僅限於操作研究。泰勒提出的科學管理制度中包括成本會計法、計件工作制，甘特發明了用圖表來表現工作進度，所有這些的主要特徵是標準化、規範化、數量化、最適化。

科學管理方法論至少在當時是被作爲科學來對待的。美國工人對科學管理的反抗並不是由於其方法論，而是由於工人把科學管理理解爲更嚴酷的剝削。但是，與美國工人的態度相同的列寧，在蘇維埃社會主義共和國聯盟建立之後，卻強調了「泰勒制」科學的一面。列寧認爲：資本主義在這方面的最新發明——泰勒制——也與資本主義其他一切進步的東西一樣，有兩個方面，一方面是資產階級剝削的最巧妙的殘酷手段，另一方面是一系列最豐富的科學成就，即按科學來分析人在勞動中的機械動作，省去多餘的笨拙動作，制定最精確的工作方法，實行最完善的統計和監督制等等。蘇維埃共和國在這方面無論如何都要採用科學和技術上一切寶貴的成就。……應該在俄國研究與傳授泰勒制，有系統地試行這種制度，並且使它適應於俄國條件（參看《列寧全集》第二十七卷，人民出版社，一九五八年版）。

現代企業的規模在不斷擴大。大企業的形成與資本擴大、市場發展直接相關，其動力並非來自於內部管理。但大企業的產生卻對內部管理方法提出了更高的要求。工場性質的經驗管理，過分依賴於管理人的個人素質，同時也缺少現代企業所要求的效率。另外，小工場生產也無法承受昂貴的管理成本。科學管理是符合大企業的需要的。隨著生產的發展，大生產成爲主流。生產規模的擴大，要求生產組織的嚴密性，要求各工序及其他各方面合適與精確的銜接。科學管理正適合了這一時代需要。

福特汽車公司可以說是實踐科學管理方法論的一個成功案例。福特在建立自己的汽車公司時建立了一套標準化、規範化、精確化、最適化的工作程序和方法。福特公司內部的專業分工極爲明確、仔細，而工作中的流水線工作法以及其他許多方法，無不具有嚴格的規範作業，才能夠大幅度地提高生產效率，把汽車推向普通民衆。福特公司的管理充分體現出了科學管理方法論的特徵。

科學管理演變的尾聲似乎是工業心理學，正是工業心理學的研究爲管理方法論揭開了新的一頁。但是，有趣的是，幾乎是在同時，心理學本身也在經歷一次革命。心理學面臨著從內省方法走向科學方法的過程。這一過程並未使心理學經歷自身的格式塔變換，而只是出現了一種新的心理學流派，即所謂行爲主義心理學，它在某種程度上與管理學的歷史不同。管理學的創生是以科學管理的普及爲特徵的，但此後的進程則有許多相近之處。同時，心理學與管理學的結合也愈益變得緊密了。

管理科學：系統化的科學管理

從科學技術研究中直接導致了另一種管理學派的產生，被稱爲管理科學。如果從英語的原文看，在大多數情況下，管理科學就是運籌學，就是作業研究或操作研究。這些漢語譯名全指向同一個英語詞彙——Operation Research（簡稱 OR）。近年來也出現了新的管理科學（Science of Management）的名稱，但其涵義有時既包括 OR 也包括一般所謂的管理學，是管理學的另一種稱呼。這一新名詞的產生，本身也反映著管理方法論的變化。

雖然許多管理思想史的著作都把管理科學看作只是管理中的一種數量分析方法，然而管理科學卻是以完全不同的方法論基礎來對待管理的。換言之，管理科學與其他管理學派有著根本不同的管理前提。管理科學產生之時曾經宣布，管理要成爲嚴密的、科學的、定量的。這一目標並未完全實現，管理科學還在不斷地爲此努力。但是，從這一目標中，可以清楚地看到，管理科學對科學方法的尊崇。

如果要對管理科學的發展溯源，那麼第二次世界大戰時英國對防空系統的有效組織的研究等，是管理科學的直接起源。但是，從管理思想或管理方法論著眼，管理科學的眞正「生母」卻是科學管理。泰勒所建立的科學管理的理論體系，其方法論的根據是科學與技術的嚴格決定論。事實上，管理科學較之科學管理走得更遠。科學管理的重點是管理，而科學則是一種方法和方法論。管理科學的重點是科學，管理只是科學的一個應用領域。

管理科學在更高的程度上依賴數學方法，而在其背後是一種對於數的精確性的信仰。

這種信仰雖然與古希臘時期的哲學家畢達哥拉斯不完全相同，但對數的鍾情則絲毫未減。著名哲學家卡西爾說的話可以代表這種態度：「科學所需要的不是一種形而上學的決定論，而是一種方法論的決定論。我們可以拒絕接受在拉普拉斯著名公式中表現出來的那種機械決定論，但是眞正科學的決定論——一般是不易遭到拒絕的。我們不再把數看作是一種神祕的力量或看作事物的形而上學本質，而是把它看作一種特殊的獲取知識的工具。」（參看〔德〕卡西爾的《人論》，上海譯文出版社，一九八五年版）卡西爾的這段話寫於一九四四年，這正是管理科學產生的時期。卡爾西的思想在很大程度上反映了當時的思想時尚。實際上，卡西爾把數學當作一種獲取知識的工具的說法是不能完全擺脫形而上學的陰影的。在其背後，無論是把數看作如同黃金法則的〇・六一八法那樣是自然界神祕法則，還是把數看作是對自然界的一種結構模擬，數都具有了至高無上的特性。管理科學在試圖用嚴密的、科學的、定量的方法去處理管理問題時，都已接受了卡西爾所說的方法論的決定論。

在接受這種觀念的同時，管理科學的基本方法則是技術主義的。在管理科學中，人們最常見的處理方法如關鍵路線法之類，或者理論性稍強的方法如庫存論、等候論、對策論等等，在很大程度上是技術主義的。在這些數學處理中，處理對象完全是物化的因素。除了對這些對象進行處理的技術人員之外，已完全沒有人的蹤影。而處理人員也只是在系統之外進行管理。就此而言，管理科學較之科學管理更加「目中無人」。管理科學本身是一種管理的技術方法，但問題並不僅僅如此。管理科學發展了科學管理的方法論，但問題並不僅僅如此。管理科學發展了科學管理的方法論。管理科學與系統論或系統分析方法在實質上並無差別。只是一般系統論作為一種觀念，在社會系統的分析中更像是一種哲學而不是一種技術方法。但一般系統論本身具有分析的傳統。一般系統論是從對子系統的分析到達系統的。純粹從系統層面上來考察，並不是系統論的觀點，而是整體論的觀點。將系統方法論引入管理是非常自然的。隨著管理對象的擴大，管理的複雜性變得更明顯了。大系統的管理，要求各方面的協調。而分成各類子系統，則是協調的重要方法。這是在美國形成像「阿波羅」登月計畫之類系統工程的原因。系統工程是一種具體的管理方法，其中包含了明確的數量要求。從方法論角度看，系統工程、運籌學及系統控制等帶有濃重的技術主義色彩。系統工程這一類科學技術的方法與一般系統論並無直接的淵源關係，兩者是各自獨立地發展起來的，只是在更抽象的系統觀念上，兩者才多少有點奇怪地突然結合起來了。如果更深入地加以研究，那麼這種結合是並不勉強的。這正是前面已說過的一般系統論本身所具有的分析的、數量的或依賴於數學模型的傾向。一般系統論的創立者貝塔朗菲的第一篇關於這個論題的論文，只是用數學方法證明了子系統是可以結合為系統的。

科學管理的遺產並不是單方面的。雷恩認為科學管理使工業心理學獲得了它的倫理觀，以及範疇和研究的方向，顯然工業心理學的研究方向必然通向現代所謂的「人本」管理。然而就理性傳統而言，管理科學更是科學管理事業的繼承者。管理科學首先是運籌學的「直線的根源在於科學管理」（參看〔美〕雷恩的《管理思想的演變》，中國社會科學出版社，一九八六年版）。雷恩的話並不錯。科學管理與管理科學有著幾乎同樣的定量化、規範化傾向，並且同樣追求管理的最優結果，尋找管理的最佳決策。事實上，管理科學對最適化的追求比科學管理更爲強烈。

管理科學以及科學管理的主要不足之處可能並非像人們通常批評的那樣，在於它們忽視人的作用。至少它們都在很大程度上贊同從人的心理角度來研究管理，倡導用心理學、行爲科學和精神病學等來研究管理。問題在於管理科學全盤保留了自然科學中的理想化和模化方法，而這兩者即使在自然科學中也已證明了不是萬能良藥。理想化方法與模型化方法在科學研究過程中是非常有用的，但管理理論的目標卻是直接應用於管理實踐，而理想化的方法常常會成爲教條主義的根源。

對管理科學非常有利的一種形勢是計算機和訊息傳送技術的極其有效和高速的發展。計算機運算速度的急劇加快極大地提高了訊息處理能力和運算能力。而訊息傳送技術的發展，例如被稱爲「訊息高速公路」的網際網路的建立，可以在相當程度上滿足管理科學對訊息的要求。這使得管理科學與最適化、規範化和數量化的目標變得更近了。

◈現代管理的多元化與混沌

現代社會是一個變化的社會，生產的迅速發展，自然界與人類關係的緊張，人類文化的相互衝突與交融，訊息聯繫的日益增進等等，在整個世界引起了極大的動盪。但是，影響最大的則是訊息通訊的極其迅速的發展。科學技術的作用在這方面表現得眞可稱爲淋漓盡致。電話、電視、手提電話、個人電腦、衛星通訊、網際網路等，每隔幾年就有轟動全球的新訊息工具問世，而較小的發明幾乎層出不窮。如果按照未來學家奈斯比的分析，那麼美國早在一九五六年就已進入了訊息社會。這種說法有很多問題，但從七十年代以後世界進入訊息社會當無異議。訊息社會的到來，對經濟發展產生了極大的影響，產業結構大調整，訊息產業、高科技產業成爲新的經濟成長點。而訊息技術的發展，也使管理的進一步技術化有了重要的支持。

另一方面，訊息技術的發展也從根本上改變了人的生活，改變了人與人的相互關係。訊息技術的發展使整個世界變小了，以前被忽略的因素而今成了關鍵性的問題。由於文化的衝突和融合所造成的人際關係的複雜性是前所未有的。而且，訊息技術以及科學技術的其他方面的發展，對一般所說的管理的主要方面即企業管理則進一步產生了意想不到的影響。其中帶有根本性變化的，一是企業的規模不再是單純的擴大，大量小型企業甚至家庭性企業成爲具有主導意義的發展方向，並且其對社會經濟發展的影響日益強化。但是傳統產業的改變仍然有限，無論從其規模還是從其對社會經濟的影響而言都是如此。因此，全社會的企業類型具有更大的多元化傾向。二是隨著規模的變化而帶來的工作本身的非規範化。這種非規範化以創新爲主調，具有不可抗拒的力量。創新對應用新技術的企業固然更爲重要，但對於傳統企業的作用也不容忽視。

正因爲如此，統一的管理方法論已經不再存在（嚴格地說，從來就不可能有完全統一的方法論，只有占主導地位或反映當時時尚的理論）。管理方法論趨向多元化成爲時代潮流。事實上，當管理學界開始涉及諸如不確定性、非線性、非均衡、隨機性、權變、經驗主義、變幻莫測、滿意、社會人等名詞時，傳統的科學管理方法論已不再具有重要地位。新的管理方法論需要適應現代社會的新變化，也要適應現代科學技術的新發展。在這種新發展中，人們完全可以抽象出混沌的特徵。在當今社會的飛速發展中，方向與方式未必是十分清楚的，這種並不十分清楚的方式不能不引起管理方法的混沌。

現代管理有非常多的流派，每一個流派都有自己值得驕傲的核心理論。孔茨在一九八十年發表了《再論管理理論的叢林》，認爲存在著十一個管理學派，包括經驗主義管理學派或案例學派（人群關係學派）、人際關係學派、組織行爲學派、社會協作系統學派、社會技術系統學派、決策理論學派、系統管理學派、管理科學學派即數量學派、權變理論學派、經理角色學派、經營管理理論學派。事實上，孔茨在其一九六一年發表的前一篇關於管理理論學派的文章中只提出了六個學派，而且在文章發表之後，孔茨還組織過一次試圖調和各種理論的會議，研究管理的普遍性。但在此後，管理理論不僅並未減少，反而大幅度地增加了。即使在這一次會議上，管理普遍性也受到了普遍的懷疑。經驗主義的學派和權變學派都主張在不同的組織中，或面對不同的情況應當採取不同的管理方法。

在如此衆多的管理理論所構成的「叢林」中，眞正成爲管理方法論的基本路線的只有兩種，一種是標準的、規範的、數量化的、分析的、確定的、超越在管理者和管理者之上的路線，一種是混沌的、不確定的、隨機的、參與的路線。然而眞正成爲管理方法論的正確路線的，恰恰應當是兩者的有機的結合。

事實上，由於如此衆多的管理理論的存在，已經導致了一種並不那麼如意的情況，即管理正在變得越來越複雜，這是違背自泰勒創立科學管理方法論以來的初衷的。最初人們創立管理學時，是想透過對管理過程的考察而使管理變得更爲簡單而有效。然而，現代大企業的管理已經變得越來越專業化、技術化，已經變得越來越依賴於電腦和通訊。科學技的發展日益使人們無法脫離它的控制，而人的作用在相當程度上變得越來越小。在這種情況下，即使出於逆反心理，理論界傾向於所謂「人本」管理也是毫不奇怪的。在另一方面，科學技術的發展也給了每個人充分體現自己的個性和充分發揮個人能力的機會。而科學技術的發展及其帶來的整個經濟的發展，又使經濟活動充滿了各種各樣的機會，人的適應性和創造性在利用這些機會方面的能力遠遠超過了規範化的機器和管理技術。當創新成爲新的管理的主要方面時，人本管理即使在追求效率上也是首屈一指的。

本書已經在導論中具體討論了人本管理對混沌的意識和方法。以人爲本的管理基於人的複雜性，因而不能不是在某種程度上表現爲混沌的管理哲學。

另一方面，除了這種由於管理的日益技術化趨勢而造成的逆反心理外，科學技術在其尖端所出現的方法論變化，也是影響現代管理發展的重要方面。西方科學方法論曾經是一種機械決定論的方法論。但從二十世紀以來，科學領域陸續發生了一系列思想上的革命。其中具開創性的首先是世紀初的物理學革命。在這一革命中，相對論和量子力學相繼建立，牛頓物理學的框架被打碎了。牛頓力學本身的成就也被嚴格限定在低速和宏觀領域。隨著生物學、生態學和一般系統論的發展，尤其是從六十年代以來自組織理論的問題，科學界進一步引進了關於世界的系統性、有機性和複雜性的觀念。這種系統性、有機性、複雜性本身是隨著科學視界的擴大而形成的。僅僅從力學的機械運動進入生物運動就足以對前者的簡單性觀念產生懷疑。雖然在很長一段時間裡，物理學由於自己能非常精確地描述自然現象，並且具有高度的數學的確定性而感到自豪，把自己稱爲「嚴密自然科學」，而對生物科學則表示出某種程度的輕視。但是，恰是在並不精確的生物科學中，產生了一般系統論。一般系統論與控制論、訊息論等技術科學相結合，不僅形成了一種普遍的思潮，而且被實際應用在宏觀管理之中。一般系統論的觀點，實際上是一種科學方法論。由於從子系統到系統的功能突現，一般系統論成功地清除了機械決定論表層的敘述。而從六十年代以來，從物理科學中又形成了自組織理論。自組織理論把自然科學特別是物理學原來忽略不計的複雜運動重新提出作爲對象，重新開始考察諸如非均衡、不穩定性、對稱破缺、非線性等現象，而這些現象對於傳統物理學而言，只是力圖避免的現實世界對理想化、模型化對象的一種干擾。在科學思想和科學方法上的這些變化，對於繼續以科學爲模板的管理，也將帶來複雜性和混沌。

◇企業革命：混沌管理的機會

八十年代中葉，美國著名的未來學家奈斯比在對整個世界發展（實際上主要是美國）的大趨勢作出預測後，又大膽地提出了關於企業發展的十大趨勢的觀點。這十大趨勢是與整個社會的發展相應的。奈斯比提出的企業發展的十大趨勢是：

▼在工業社會向訊息社會轉變中，企業的戰略資源也將與社會同時變化。在新的訊息社會中，戰略資源轉變為訊息、知識以及創造性。而這三種資源都隱藏在人才中。因而人才的重要性再次提高了

▼勞動力商品向賣方市場轉變，企業對優秀人才的爭奪更加激烈

▼由於計算機技術的發展，原先由中層管理人員做的工作將會大量轉為由計算機進行處理，中層管理人員將日益減少，甚至形成不再需要中層管理人員的新型組織

▼充滿進取精神的企業家思想將風行經濟界

▼出現新型的多樣化的工人群體。工人的年齡下降，受教育水準提高，女工增多

▼婦女大量湧入經濟領域

▼直覺和遠見將日益受到重視

▼訊息社會對人體需求將與現行的教育體制產生激烈的矛盾衝突。為了等到合格的畢業生，企業與教育的互相合作將會前所未有地得到加強

▼企業內部的職工保健問題將更加突出

▼「生育高峰」期間出生的一代人的價值觀，正在支配今天的經理們的思想

在十年之後來看，應當承認奈斯比的預見基本上是正確的。而且這種趨勢，也不僅僅

出現在美國或歐洲的發達國家。由於訊息技術的迅速發展以及其「無微不至」的滲透性，在發展中國家，尤其是在近年來經濟迅速崛起的國家，也可看到某幾項顯著的變化。例如，在大陸的高成長型企業中，人才的作用以及對人才的競爭，都已經表現得非常明顯。在這一隨著訊息社會的到來而出現的企業革命中，主旋律是人，而哲學和方法論則是混沌管理。企業革命的現狀爲混沌管理提供了用武之地。

訊息技術的高速發展看來是當代科學技術發展的一個主要方面。奈斯比、托弗勒等未來學家把當代社會的本質歸納爲訊息社會，看來是相當確切的。由於訊息技術的發展，現代企業出現了幾個非常引人矚目的趨勢。

企業的小型化

大型企業的出現是「第二次浪潮」或者說是工業社會的特徵。規模效益仍然是現代企業經營管理中不可忽視的重要方面。許多大型企業也依然在透過兼併等途徑繼續擴大經營規模。例如，世界最大的飛機製造公司波音公司宣布了兼併麥道公司的決定，並取得了歐盟等的同意。對於航空製造業這類行業，更大的規模也許是合理的。同時企業一旦形成氣候，自身就有一種不斷擴大的傾向。但是，由於管理幅度方面的原因，企業的大型化導致組織結構的複雜化，從而形成了管理的高複雜性和高難度。也正因爲如此，企業一味向大型化發展必然帶來管理成本的加速上升。然大型企業的存在也許是永遠必要的，但其發展不可能不受到限制。

但根本性的影響來自於訊息和計算機技術的發展。訊息技術的發展具有兩個方面的作用。一方面，計算機和通訊技術的改進加強了大型企業內部的關係，使企業的超大型化有其可能。但過分依賴這種技術也使企業抵抗突發性事件的能力大大減弱。另一方面，這種發展也爲大量中小型企業的發展創造了前提。小型企業透過強大的訊息通訊網路和計算機訊息管理，已經大大提高了在工業社會中與大型企業競爭的能力。這種能力的提高包括建立廣泛的外部聯繫，改變訊息獲取上的不均衡現象，和內部生產經營能力的提高。

在傳統經濟結構中，小型企業一般是附屬於大型企業的，爲大型企業進行個別零件加工或季節性生產，也包括從事一些大型企業的標準化生產所不適合的分散性的生產項目或非生產性的項目。這類小型企業幾乎完全依賴於大型企業。一旦大型企業發生問題，這些小型企業總是首當其衝，成爲大型企業經濟危機的緩衝區。

但在新的社會經濟結構中，大量從事高新技術產業的小型企業已不再成爲大型企業的附庸。科學技術所創造的新的高成長型企業對經營規模的要求並不很高。由於高科技產品的生命期相對較短，更新速度驚人，小型企業對生產小批量、多樣化、不斷更新的產品更能適應。而標準化的大規模生產線的成本已經變得不可接受。這種情況在訊息通訊產業中尤其明顯。實際上，在美國矽谷和全世界各地所建立的大批以運算處理器（CPU）和通訊產品爲主的新型企業，基本上是中小企業。高成長性的高科技企業對創造性人才的需要遠超過對生產規模的需要。這就使小型企業的存在比大型企業更爲合理。被描述爲「恐龍」企業的超大型企業，在社會發展中，並不是很有競爭力的。不過，超大型企業仍然還會長期存在。但相比之下，中小型企業將更具有活力和適應性，會有更大的發展餘地。曾在世界名列第一的私營企業——美國電話電報公司（ATT），由於美國政府的干預而解散，分解出地區性的七個公司，中型地區性公司的競爭活力確實並未削弱，甚至有所加強。

由於訊息產業以及建立在訊息處理基礎上的新的經濟部門的發展，小型企業甚至可以只借助於一部聯網的電腦來處理主要的經營業務。這使得小型企業的獨立性大大增強，可以擺脫大企業的控制，而附著於機會更多同時也更穩定的整個社會經濟。

家族型企業的優勢

隨著企業的小型化而出現了家族型企業，家族型企業在世界各國都有，而以華人企業最爲活躍。

華人的家族型企業與西方的一般現代企業具有較明顯的差別。家族型企業的組織結構等同於中華傳統的父系家長制的家庭或家族結構。這類企業的管理風格基本上是個人化的，企業的所有者同時也是企業的管理者。而這種所有者和管理者的代表則是家庭的父親。企業依靠血緣關係和親屬關係予以維繫，透過對信任或忠誠的評價來形成無形的控制。在管理決策上，家族型企業具有「靈感化」、「個人化」的傾向。

一般認爲，按照家族模式管理企業，企業的發展是比較困難的。這個觀點的正確性在新的社會發展中受到了某種程度的懷疑。這種懷疑在很大程度上是來自於對「發展」這個概念的重新定義。家族型企業的規模受到較大限制，但現代發展對規模的重要性的評價顯然已大大降低。

家族型企業的決策程序比較簡單，其規模又較爲適中，這使企業可以對科學技術的新創造作出迅速的反應，適應現代產品的小批量、多品種和迅速翻新的要求。高科技產品的生命週期相當短，及時跟上產品更新的步伐，並隨時淘汰過時產品，已成爲企業有效生存的決定性手段。在這個意義上，家族型企業顯現出較大的優勢。

另一方面，家族型企業中企業成員對企業的忠誠和依賴又超過美國方式的僱佣制企業，這使得企業可以經受暫時性的挫折，而以堅韌不拔的精神維持自己的生存以圖發展。這在風險和機遇並存的現代社會尤其重要。高科技產品在提供高額利潤可能的同時也具有很大的風險。產品的質量穩定性、被市場所接受的程度等都可能對企業構成潛在危機。一旦出現危機，家族型企業可以透過親情關係的紐帶部分消弭由此帶來的巨大壓力，從而大大增強對危機的承受能力。

家族型企業具有自己的管理價值觀。能將家庭成員團結起來的，除了一般企業都有的利益因素外，最重要的是企業自己的管理價值觀。這並不僅限於華人家族型企業。任何這類成功的企業都具有與家族相關的管理價值觀，以及受這種價值觀制約的家族的規則或約定，而華人的家族型企業則深受中華傳統文化尤其是儒家思想的影響。

大型企業的分散化管理

ATT 的解散主要是政府干預的結果，並不能代表大型企業分散化管理的趨勢。但是，隨著生產和產品的非標準化，大型企業（尤其是在高科技產業）的統一管理的弊病正在不斷擴大。雖然大型企業組織以及它們的統一經營戰略（尤其是對領導潮流的大型企業，例如運算處理器行業的 Intel 這樣的爲行業制定標準的公司）可能永遠是必要的，但在適應現代社會的發展中，大型企業的分散化管理正在形成一種潮流。

在傳統經濟結構中，大型企業只把一些在處理技術上過於分散而不適合集中管理的產品生產或事務承包給小型企業。其結果是大型企業可以專注於技術的標準化，以大批量的集中處理和流水線來體現大型化、標準化生產方式的優勢。這正是曾爲像美國福特汽車公司等大型企業帶來彪炳史册的榮耀的基本方法。

但在訊信息社會中，標準化、集中化的生產已經不再是唯一的有效方法。從理論上說，訊息技術的發展爲企業的集中管理提供了非常有效的工具。但在實際上，爲了適應現代技術產品的多樣性和易變性，許多大型企業都採用了諸如事業部制、小組制等分散化的管理方法，把原來集中於最高層的經營決策權力下放，發揮中層管理人員的積極性，及時掌握技術變化與市場變化的契機。

大型企業的集中與分散或集權與分權歷來是企業管理的一個重要問題。多數大型企業都有這種轉變的經驗，以適應社會經濟發展的不同狀況。今天，在不同的企業中，基於不同的管理風格，儘管仍然存在著集權與分權的兩個方向的變化，但分散化管理的總體傾向是合乎社會發展的趨勢的。即使在強調集權的企業中，權力的涵義也在發生著變化。美國通用電器公司在八十年代的改革中，開展了大規模的組織調整。在一九八五年，廢除了整個事業部門層級。從一九九一年起，公司的十三個事業單位要直接向董事長和副董事長報告。這種減少層級的行動，使通用公司總部人員在十年間從一千七百人減少到四百人。儘管有這種集權的行爲，但由於直接向企業主管報告的單位多了，實際由企業主管決策的事務反而減少了。

大陸中國企業的發展

大陸自經濟改革以來，經濟發展的速度是空前的。根據世界權威性機構的預測，一九九七年大陸的發展速度在世界上位居首位。

但是，大陸原有的經濟基礎是相當薄弱的。大陸具有建設現代工業結構與後工業結構的雙重任務。在多數發達國家，工業經濟已高度發展，物質基礎相當深厚。在此基礎上，訊息產業透過對整體經濟結構和企業管理結構的影響，使經濟活動有了新的活力。但是，訊息是以物質爲基礎的，訊息產業也以發達的工農業爲基礎。訊息產業之所以重要，只是因爲已經有了充分發展而成爲常規的物質經濟。沒有充分物質經濟基礎的第三產業，實際上是一種泡沫經濟。小國在充分對外開放的前提下，可以依賴他國的高度發達的物質經濟，大陸則不可能。正因爲如此，大陸企業的發展就具有與西方企業不同的道路和趨勢，至少對於國有企業而言是如此。

大陸現有的企業從企業所有權角度劃分，主要有五類：國有企業、股份制企業、集體所有制企業、民營企業、外商投資企業。除外商投資企業與世界企業發展方向大致相同外，大陸企業所存在的共同的問題，主要還是企業規模偏小，規模經濟不理想。從近期看，發展企業規模仍是主旋律。對於國有企業，政府的方略已定，組建大型企業集團實際上完全是政府行為，至少最初是如此。但是大陸的企業集團及其核心企業，比起世界上的大企業，規模仍顯過小。如一九九四年大陸最大的五百家工業公司銷售收入的總和約合一五二七・七七億美元，不及美國通用汽車公司一家的銷售額。當年整個汽車行業的銷售收入折合一六〇・四八億美元，只及美國通用汽車公司的九・五%。因此，至少在最近的若干年內，擴大大陸企業規模還是最重要的趨勢，尤其是工業企業。

另一方面，對於人類社會向訊息社會發展的大勢，大陸企業也不可能擺脫。在傳統產業之外，企業向小型化分散化發展的趨勢也是存在的。從計算機行業看，高利潤的軟體行業在規模上有明顯的限制。硬體生產競爭激烈，生產廠商對規模的要求比較高，只有大批量的訂貨才能使企業保持足夠的運營能力。儘管如此，硬體生產也已形成了分包和分散化生產的各種經營形式。生產單一小配件的生產廠家，完全可以依附於大型廠商而以小型企業的形式獨立存在。分銷則是產品銷售的重要形式，分銷商不必是大企業。此外，大批從鄉鎮企業變化而來的民營企業或新創的民營企業，有向家族企業發展的明顯傾向。不少鄉鎮的集體所有制企業也由廠長的家庭成員控制，小型企業向家庭化發展可能是無法避免的趨勢。

總之，在大陸可以說老的企業革命尚未完成，新的企業革命又已展開。企業革命給混沌管理提供了機會。

6 現代混沌管理的企業層面

不能把中國傳統的管理哲學、管理方法論或管理模式簡單地運用在現代管理之中，無論是從宏觀管理的層面，還是從企業管理的層面來說都是如此。這一論點的正確性是如此明顯，以至於根本就毋須對此多說一字。但是，現代企業管理在科學管理之後已經產生了大量新的管理理論和管理手段，並且形成了與科學管理並行的人本管理的路線，這在很大程度上給中國傳統管理以新的用武之地。人本管理並不就是本書所稱的混沌管理，但兩者卻在很多方面相互兼容。

本書並不以討論企業管理爲主。企業管理對混沌管理而言，是一個需要進一步作大量研究工作的問題。此處只從相近的研究中尋找一些混沌管理發展的可能線索。

◈企業混沌管理的相近理論

西方文化在近幾十年裡已經開始改變自己唯我獨尊的自大形象，從忽視東方文化轉爲向東方文化吸取自己所缺乏的東西。經濟管理也是如此。這在某種程度上也是被迫的，原因在於東方（主要是東亞地區）的經濟發展速度已經大大超過了西方。

首先是日本，而後是新加坡、台灣、香港和韓國，現在則又出現了大陸這個人口最多的國家。這些國家或地區都深受中華文化的影響。日本因其在東西方之間的特殊地位，且又是第二次世界大戰以後從戰爭廢墟中經濟迅速恢復的國家，因而受到特殊的關注。在八十年代初，美國就出現了好幾部研究日本企業管理模式或管理藝術的著作，大受歡迎。隨之，關於東亞國家的管理模式的研究也有了重要的發展。顯然，這也與亞洲四小龍的經濟崛起緊密相關。

Z理論

世界各國的企業經營管理，本不存在統一的模式。但西方國家的管理深受科學思維方式的影響，主要的管理模式是泰勒以來的科學管理模式。儘管在以後的發展中，管理思想已經向重視人與人際關係方面有很大發展，但其基本的模式並不容易發生大的變化，尤其是在僱佣制度這種大背景下。

在美國企業管理的研究逐步深化的同時，世界經濟發展的態勢發生了重大的改變。戰後的日本迅速從戰爭的創傷中恢復過來，作爲資源缺乏的小國卻成爲除超級大國以外經濟最發達的國家，這促使學者們開始關注日本的企業管理模式。一九七三年，日裔美籍學者、美國加利福尼亞大學教授威廉·大內開始對日本企業管理進行研究。在多年對美日兩國的典型企業比較研究的基礎上，他在一九八一年出版了《Z理論——美國企業界怎樣迎接日本的挑戰》一書，提出著名的「Z理論」，作了如上對比。

日本組織	美國組織
終身僱佣	短期僱佣
緩慢的考核和升遷	迅速的考核和升遷
非專業化的事業歷程	專業化的事業歷程
含蓄的控制方法	明確的控制方法
集體決策	個人決策
集體責任	個人責任
整體關係	部分關係

在大內所作的比較中，我們已經可以發現混沌管理的痕跡。含蓄、緩慢、集體、整體等具有混沌管理特徵的字眼，在Z理論中成爲

重要的與美國典型企業管理模式相區別的概念。

當然，上述對比並不包括Z型組織的全部主要特徵。從懷疑主義的立場來看問題，Z型組織如果僅是如此，那麼它未必可以看作是日本企業獲得成功的根本。很多研究者已經指出，大陸計畫經濟體制下的國營企業在很大程度上與大內所提到的組織模式相似，至少在與美國模式形成顯著對比的那些方面。然而，從一九七九年開始的經濟體制改革，以及在理論上應當包括在內而在實踐上則稍緩一步的大陸國有企業的改革，在很大程度上卻是要改變「吃大鍋飯」的情況，強化責任制，甚至連與終身僱佣相似的「鐵飯碗」也被打破了。國有企業的集體決策、集體負責是國有企業效益低下、管理混亂之重要的體制性原因，確立責任制是國有企業改革的重點之一，儘管這一改革還不能說在大範圍內取得了成功。這一些很簡單的事實說明，僅僅靠在上述對比中列出的條件，並不一定能使企業的效率提高。企業管理在很大程度上依靠整個經濟環境和經濟體制，同時，除了上述已列入對比的條件外，現代企業應當還有許多相同的方面。

按照大內的說法，Z型組織並不僅僅是日本的企業管理模式，事實上，美國像IBM、惠普、柯達這樣的一些大企業，其組織模式正是Z型模式。應當說，大內的下面這一段話更爲重要，更準確地描繪了Z型公司的特徵：「一般而言，Z型公司擁有現代化的資訊和會計系統、正式的計畫、目標管理，以及其他一切A型公司（即美國的傳統企業）獨有的正式清楚的控制工具。不過在Z型公司裡，這些工具經過小心的處理，成爲他們的資訊，而很少左右重要的決策。」（參看〔美〕威廉・大內的《Z理論》，台灣長河出版社，一九八五年版）

如此看來，Z型組織首先是一個現代管理組織，有現代管理組織的一切基本的管理技術與管理工具，包括以電腦、現代通訊技術和數量分析爲基礎的管理的技術系統和以科學管理理論爲基礎的管理的組織系統。在此基礎上，Z型組織的更爲突出的優點是並非追求絕對的清晰化、數量化，而是保留了一些模糊的、含蓄的或混沌的東西。Z理論所提出的最重要的東西是，在企業內應當保持清晰與混沌的平衡。

事物的清晰是有限度的。一個有名的哲學命題給出的限制可以認爲僅僅是在時間上的：人不可能兩次踏進同一條河流。事物隨時而變，但即使在同一時間內，事物也未必是同一個。空間界限也同樣是既清晰又模糊的。美國企業管理的高度清晰化要求、明確的責任制、簡單的上下級關係、規範化的生產操作等等，顯然給予美國企業以相當高的效率。但並非所有的事物都應當用如此簡單的關係來確定。事實上，這種管理方式也導致僵化、官僚主義、內部對抗以及高成本。此外，這種清晰化要求也違背至少在表面上主宰西方思想的人文主義精神。一個人一旦受僱於企業，就只能完全聽命於企業的安排，而不能有自己的行動自由。而由此導致的對抗已經使美國企業不再能保持自己的高效率。這促使美國企業悄悄地開始自己的革命。

在大內所謂的Z型企業中，企業不僅要擁有一切現代管理技術，並保持自己作爲現代管理組織的基本條件，而且還要在企業中重視文化、價值觀和人際關係的協調。透過終身僱佣制、緩慢的考察和升遷，以及整體的、集體的決策和負責制，Z型組織實際上是在培養一種組織精神、組織價值和組織文化。這些因素的作用和作用方式是含蓄的、混沌的，也並不直接產生企業效益。在科學管理的理論中，這些因素基本上是不被納入管理系統的。但正是這些因素，在一些穩定發展著的大企業中，產生了難以言說的效果。這些因素的作用的確定性也難以用明晰的方式表達出來。很難說這種作用本身是不確定的。在Z理論中，暗含的假定是一些保持長期高效發展的企業，其管理模式正是合乎Z理論的。Z理論是把企業管理中的一些在形式上含蓄的、不確定的因素以明晰的形式表達出來。可以看到，Z理論已經在相當程度上涉及了混沌管理的精華。

7—S模式

無獨有偶，幾乎在威廉·大內提出Z理論的同時，另一本研究日本企業管理的著作《日本企業管理藝術》問世，引起了幾乎同樣的轟動。事實上，這兩本書以及當時及稍後陸續出版的一系列對日本和美國企業管理的比較性研究著作，都反映了美國人對自泰勒以來的管理規範化、數量化甚至機械化的不滿意和不滿足，反映了美國人對被發展更快的國家所超越的擔心，從而試圖向發展速度驚人的日本學習管理經驗和管理方法。

帕斯卡爾等的7—S模式並非新鮮的東西。這種模式方法本身就體現了美國思維方式的特點。適當的模式固然有利於對事物結構在某種表面層次上的分析，但模式的建立和要素的劃分具有某些任意性。事物並非那麼容易隔離，而模式的建立意味著一些因素間的聯繫被確定，並且必然排斥其他聯繫。

帕斯卡爾的模式還是有其優越性的。所謂7—S，無非是以S開頭的七個英語詞，代表管理組織的七個要素。用帕斯卡爾等人的原話，這七個要素是：「戰略思想：長期指導企業分配有限資源，實現既定事業的規劃或目標。企業結構：該企業機構（如功能、分散的）特徵。體制：程序化報告和日常工作程序，如會議形式等。人員：在該企業內重要人員（即工程師、企業家、工商管理碩士等）的『人口統計』類別……。作風：指在實現該企業目標中主要經理的行爲特徵，也包括該企業的文化風格。技巧：企業主要管理人員或作爲一個整體代表的企業家的特殊管理才能。最高目標：滲透到企業每個成員中的指導思想。」（參看〔美〕帕斯卡爾．阿索斯的《日本企業管理藝術》，新疆人民出版社，一九八八年版）

這七個要素的關係如下頁圖示：

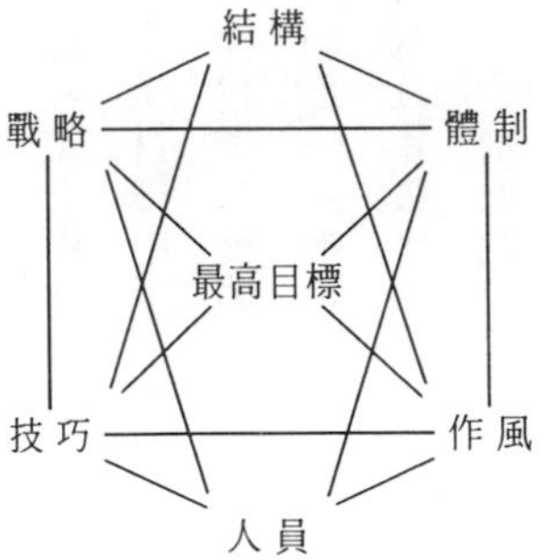

由上圖可見，這些要素的每一個都與其他要素相關聯。但這並非是最重要的。對於要素間的複雜關係，早在一般系統論的一些奠基性著作中就已經認識到了。辯證法的哲學對於這種複雜關係瞭解得更完整。

任何一個企業都可以構畫出這七個要素。作爲不同的管理理論，人們也可以提出其他要素。帕斯卡爾等人的貢獻在於他們發現，對於戰略、結構和體制的認識，美國人與日本人並無多大差異，這些可稱爲「硬S」。而不同之處在於對「軟S」——技巧、作風、人員和最高目標的認識。他們認爲，日本的文化使他們在「軟S」方面享有得天獨厚的優勢，因爲他們有處理模稜兩可、不肯定性、不完善性事物和維持良好的人際關係的本領。但把「軟S」的實行歸因於日本的文化特性，雖然也有一定的道理，但並不是問題的全部。企業管理的戰略、結構和體制與企業的效率具有明確的關係，具有規範化的特徵。但是技巧的靈活性、作風的含蓄性和人員關係的複雜性，則大大超出了規範化的路線，與科學管理的規範化、精確化的要求相悖。而在所有這些背後都有非確定性和複雜性的影子。同時，這些要素只有在整體作用時才是有效的。

值得注意的是帕斯卡爾等提出了作風作爲企業的管理要素。企業作風或風格現在已經成了許多研究者的話題。不同企業間的區別可能也常常體現在作風或風格的不同，但這種不同卻很可能是根本性的，儘管作風或風格的混沌特性非常突出。

企業作風顯然與企業主管的個人風格有關。人們熟知一些高級主管的個人風格，有的事必躬親，有的超然物外，有的以嚴格規範著稱，有的如慈父一般寬容。應當說，個人風格比企業風格更容易爲人感受到。

CIS 戰略

CIS（Corporate Identity System）戰略可譯爲「企業識別系統」。CIS 來自於 CI，即企業識別，又稱企業策劃。最初的 CI 只是從高速公路上如何進行廣告宣傳開始的。對於高速行駛的汽車，只有象徵性的簡單標識才能被瞬間識別。於是由企業標誌、標準色、標準字等識別要素組成的視覺識別系統成爲最初的企業識別系統。由此而形成的美國式的 CI 就是以標準字和商標作爲溝通企業理念與企業文化的工具。CI 在其發展中，尤其是在進入日本之後，在內容和方法上都變得更系統、更完善了。

嚴格說來，CIS 戰略只是一種企業形象塑造系統。但是，由於這一戰略對企業形象問題的理解相當深刻和系統，因此它已經在實際上成爲一種經營管理理論或經營管理的綜合戰略。

CIS戰略包括三大要素：理念識別（Mind Identity，簡稱MI）；活動識別（Behavior Identity，簡稱BI）；視覺識別（Visual Identity，簡稱VI）。

在這三大要素中，技術性最強的是視覺識別，而最抽象的則是理念識別。理念識別也是其他兩者的基礎。理念識別的意思是要把企業的理念與其他企業區分，表現出自己的統一性和獨特性，實際上也就是要確立自己企業統一的企業理念或指導思想、企業哲學。企業理念包括四個部分：企業使命、經營觀念、行動準則及這三者的活動領域。企業使命具有社會使命的涵義，即根據社會對企業的需求作爲企業的出發點。經營觀念在更大程度上反映企業的經營方針、企業精神、職業道德、企業凝聚力等。行動準則是對企業內部員工的約束，包括操作規範、勞動紀律、工作守則、服務要求等。企業理念、經營觀念和行動準則都要求在活動領域中具體表現出來。它們之間的關係見左上表：

活動領域	企業使命
	經營觀念
	行動準則

活動識別和視覺識別是要分別透過動態的和靜態的過程來體現理念。活動識別涉及員工的具體言行，在內部規定著組織管理、教育培訓，在外部規定著廣告、展示、促銷、社會公益、公共關係等各種活動，所有這些活動應當體現企業理念，塑造企業獨特、良好的形象。這一動態過程實際上是最重要的形象塑造過程。但在CIS戰略中最成熟的則是視覺識別。視覺識別也是最明顯的、外在的形象塑造。視覺識別

的要求遠比其他的要素來得規範化，其主要內容包括：商標（字標、圖案、色彩的統一）；統一文字（商標、公司名稱、地址電話等）；建築物（特色設計）；產品（內在設計和包裝）；廣告（系統化的傳播內容、手法、形式）；辦公用品；車輛、服裝、展覽、展示（戶外廣告、櫥窗、銷售專櫃、展覽會等的設計、佈置的系統化、統一化）以及其他等等。視覺識別的原則是易於識別，同時又有豐富內涵，能充分體現企業理念。視覺識別在很大程度上可以看作是一種應用藝術。

CIS 戰略的基本目的是要樹立企業形象。樹立企業形象有人認爲即是一種廣告操作。企業形象是一個混沌概念，具有許多不確定性因素。同時，企業形象又只能從企業與外部的關係中表現出來，是企業的活動和標誌作用於自己的直接對象和間接對象所產生的印象。從 CIS 戰略的基本方法來看，它實際上是要求把本來混沌、含蓄的東西以容易識別的形式表現出來。而隨著其發展，本來隱含在企業管理的深層次的東西也被漸漸發掘出來，試圖確定其影響和作用。這些東西包括企業哲學或企業理念、企業文化、企業倫理和企業外部形象等等。不管這一清晰化的過程在方法上或在最終效果上是否需要商榷，但對企業文化、企業倫理、企業理念等的重視，則正表明人們已經開始走入了混沌管理的傳統領地。

向混沌管理趨近

在電腦、網際網路和數量分析已經全面鋪開，幾乎成爲新時代的主要特徵時，一種反技術的情緒也在普遍滋長著。正如西方人在充分領略了人工世界（包括數字音響、彩色電視、空氣調節器、淨化水、化學食品、人造景物、汽車等等）的風味後，又在重新要求返回自然一樣，在過分技術化、數量化的管理之後，人們也要求人性化、相對模糊的管理。這種要求不能說是不合理的。

對技術的反感部分來自於技術的局限性。對技術的掌握受制於人們所受的教育。但是充分的教育又向人們提供了創造力和對技術的反叛。實際上，管理技術只能對受教育程度恰好達到能使用這些技術，並且按部就班、缺少創造性的人才是合適合。有創造性的人抱怨到處是數量分析、電腦程序和大量的數字，使他們無法發揮自己的判斷力。而受教育程度尚不足以掌握這些技術的人，則又根本無法適應這種技術。

在簡單的技術應用場合，人們已經傾向於設計、製造各種「儍瓜機」（意即儍瓜也能使用的機器），以滿足簡單的需要。從商業角度看，這是非常合適的。因爲在任何時候，人的具體能力都是有差別的。「儍瓜機」非常適合簡單的需要。但對於複雜的需要，「儍瓜機」的作用就有限了。一個好的攝影師除非有特殊的需要，是不會使用簡單的「儍瓜」

攝影機的。

現代管理技術，包括管理訊息系統以及各種管理軟體，從技術上說已經做得相當完善，非簡單的「傻瓜機」可比。但在本質上，這類技術對人的作用的限制，仍然與「傻瓜機」相似。這類技術可以一般地提高管理效率，但不能深入到人的心理、心智，而管理系統在本質上是以人爲中心的，並不以任何物或技術爲中心。

許多西方學者已經指出，對清楚可衡量事物的愛好已經超過合理的範圍，現在又需返回微妙和主觀的方向。大內說：「西方管理學界的特色似乎是一種思潮，認爲：理性優於非理性，客觀比主觀更爲合理，數量比非數量更爲客觀，因此數量分析優於根據智慧、經驗和敏感所作的判斷。」（參看〔美〕威廉・大內的《Z理論》，台灣長河出版社，一九八五年版）然而，沒有一個企業的管理是完全依賴於計算機和數量分析的。無疑地，使用計算機進行嚴格的管理，對於政府部門而言，可以在較大程度上保持其公正、廉潔、有序，並且保持相當的效率。但對於企業而言，創造性、創新精神常常是更重要的。

帕氏與大內的研究都得到了相同的結論。對於美國的那些幾十年來都充滿活力的企業的研究表明，它們都與傑出的日本企業有許多共同之處。大內認爲這些公司都是基於Z型組織的，而帕斯卡爾等則認爲它們都對「軟S」極爲關心。CIS戰略所著重的，也與之有許多相通之處。除了這些理論外，還有更多的研究都在涉及文化、倫理、價值觀以及企業管理的風格等問題。在更近期的對新加坡等國家和地區的經濟管理的研究中，還更多地討論到儒家文化的影響。這些問題總的說來都具有相當程度的非確定性、非規範性、非數量化以及其他混沌的特徵。現代企業管理已經更深地進入混沌管理。

企業管理哲學：混沌管理的基礎

按照一般認識，管理是行動的哲學。這一命題的價值在於它充分體現了哲學的意義。哲學不僅僅是在中國的特定環境中曾經被人們所誤解的那種教條主義。哲學是聰明學、智慧學。「哲」的本義就是聰明睿智。哲學的學院傳統，是把哲學區分爲本體論、價值論、認識論和方法論的。但作爲行動的哲學，本體論、價值論、認識論和方法論是有機地結合在一起的，無法嚴格加以區分。換言之，這種區分只對研究才更有意義。而對於管理行爲，其意義只限於某些特定分析的需要。作爲行動的哲學，管理本身就應當稱爲管理哲學，而這種哲學與一般哲學是有所區別的。

企業管理需要自己的管理哲學。任何一個能夠長期維持和發展的企業，必然有其獨具特色的管理哲學。許多國際知名的大企業如日本松下公司、美國 IBM 公司都有自己的管理哲學。一些聽上去大相徑庭的詞彙如經營理念、管理價值觀、管理目標甚至管理文化，其相互間的差別遠小於其一致性。而其差別的形成常只在於研究者或管理者的個人愛好或研究角度的些微不同。隨著管理研究向更深層次發展，管理哲學的作用已經越來越被人們所認識。

個人與企業組織的矛盾

在企業管理中，個人與組織之間存在著明顯的矛盾。這種矛盾，存在於許多方面。一般而言，管理就是要解決這種矛盾，以保證企業組織目標的實現。個人與組織之間的矛盾，已經由許多研究者論證過，並且被寫入大多數有影響的管理學教科書。

個人目標與組織目標的矛盾。組織的一般目標首先在於組織的穩定和發展。企業組織通常還有自身的利潤目標，個人的目標卻是紛繁雜亂的，但極少有個人把組織的目標作爲自己的個人目標。即使是對企業最忠心的職員，絕大多數也是以組織的穩定和發展作爲自身發展的前提。兩者的目標已在相當程度上統一起來了，但歸根結底仍然是有差異的，並且會在一定的外界壓力下發生變化。外界壓力會使許多看似緊密結合的整體產生分歧。甚至結合極其緊密的像原子一類的微觀粒子，在強磁場作用下其光譜也會發生分裂，出現所謂「塞曼效應」。根據「塞曼效應」，原子被發現存在著內部結構。

個人利益與組織利益的矛盾。企業組織的發展需要多種資源的開拓，尤其需要資金的積累。企業收益在組織和個人之間的分配，是西方經濟管理理論所關注的重點之一。泰羅開創科學管理，其本意是想透過提高企業生產效率來解決資本家和工人之間的利益分配問題。但泰勒所稱的「心理革命」在實際上並未完成。在制度經濟學中，解決利益問題上的矛盾是借助於管理制度來實現的。但這並不是一個完全得到了合理解決的問題。尤其在僱佣制度下，個人目標與企業組織的目標是並不同一的。而目標的不同也加劇了利益的不同。這正是許多管理理論力圖協調個人目標與企業組織目標的原因。

個人行爲與組織行爲的矛盾。組織行爲通常是以對個人行爲的限制爲前提的。僱佣制度下至少在形式上是以金錢爲代價來購買受僱佣者的行爲（勞動）。現代企業，尤其是現代大型工業企業，生產活動已經表現得高度組織化、規範化，技術性的傾向非常嚴重。由泰勒開創的科學管理運動，無疑正是透過這種高度組織化、規範化、精確化的過程來達到企業生產效率的最適化。在這種情況下，高度組織化、規範化的要求是完全違背個人的自由本性的，完全違背人對自己行爲的主導願望。正因爲如此，人性復歸的呼籲包含有對這種嚴重技術化傾向的抗議。事實上，早在卓別林的喜劇電影中，就已經有了這種抗議的誇張形式。現代企業管理研究的漸趨人本主義，在相當程度上源於研究者自身對人性復歸的價值取向，而不純然是對客觀有效的管理過程的歸納、提煉。科學哲學的研究表明，即使在科學研究中，也不存在邏輯推演上完全嚴格的、從事實推導出的科學理論。科學理論的形成本身就是一種創造。而在任何非嚴格的邏輯推論中，都會摻入人的信念和價值觀。

但在西方企業中，規範化的組織把人作爲工具，作爲機器的螺絲釘。在泰勒開創的科學管理中，儘管泰勒在後期不斷強調科學管理是一種心理革命，是要協調管理者（同時也是所有者）與被管理者的關係，但在實際傾向上，科學管理僅僅是把人的因素作爲整個組織機械的一個零件加以考慮的。經濟學的「人力資源」概念在這種傾向方面表現得更突出。

個人與組織的矛盾是管理哲學需要考慮的首要問題。西方管理學研究對此作了相當多的工作，尤其是從「霍桑實驗」以來，日益強化的人本主義傾向和管理心理學研究，努力從個人的自身需要出發來調動其積極性，甚至提出了針對管理對象的「個性化」管理。不難想像，這些思想，與西方社會的整個重視個人的人本主義的思想背景是密切相關的。

企業的組織人本主義

中國混沌管理的管理哲學是組織人本主義，這是本書前面已闡明的。組織人本主義包含如下幾個基本原則：組織高於個人，個人要服從組織的利益；組織以個人爲基礎，組織維護個人的生存權；組織管理要以人爲本，管理是對人的管理，管理要依靠人。

傳統的組織人本主義並不能簡單地用於現代企業管理。一個最明顯的理由是，組織人本主義的管理哲學產生於古代農業社會，適合當時社會生產力低下和生產活動分散化的經濟狀態。現代社會無論就生產的組織方式還是就個人的充分自由權而言，組織人本主義似乎都是不可接受的。

但是，組織人本主義經過適當的改變，卻可能是任何一個優秀的、長期保持成功的企業的管理哲學。而且企業的成功在很大程度上取決於是否奉行這一原則。日本企業在長期經營中形成的所謂「團隊精神」，所謂「命運共同體」，正是建立在組織人本主義的管理哲學之上的。從組織考慮，組織要維護每個人的權利。從個人著眼，個人應維護組織的生存和發展，個人的利益透過組織的發展而得到維護和提高。

在這種認識基礎上，日本企業的職工為企業發展而努力工作。日本的「過勞死」在全世界都是罕見的現象。需要明確的是，許多「過勞死」的職工，並非簡單地為了生計而被迫無休止地工作。這種情況中包含有一種特殊的積極性。日本企業對職工的努力工作並不提供大量獎金，但予以組織內的適當榮譽，這種激勵比物質激勵更大。日前風靡世界的電子寵物，是日本某企業的一位女職工發明的，但這位女職工並未得到大量獎金。而她在面對記者採訪時卻十分坦然地表示，能為企業作出貢獻是非常快樂的，有沒有獎金對她來說無所謂。威廉・大內在《Z理論》一書中舉出的例子很有代表性：一家在日本的美國公司採取了美國式的建議制度，讓員工把提高生產率的建議放在建議箱內。對實行後確能提高生產率的建議，企業把增加的效益的一部分作爲獎金發給建議人。這個制度實行了半年，卻未收到任何建議。美國主管感到困惑，召見了部分員工詢問原因。日本員工回答說：「沒有人能夠單獨提出一個工作改進意見。我們在一起工作，我們當中任何觀念都是得自於觀察別人，和別人交談。如果只有一個人要爲這個觀念負責，我們所有的人都會覺得不好意思。」公司於是就改革建議制度：工人集體提出建議，獎金發給整個集體。工人把獎金積存起來，年底聚餐或集體旅遊。此後，合理化建議才在廠裡出現。

大內和帕斯卡爾等日本管理的研究者都把這種情況看作是日本人的集體價值觀的體現，對美國人來說是不可接受的。這種看法大體上是正確的。不同的文化傳統造成不同的價值觀和哲學。與之相異，本書把這種哲學或價值觀的合理形式稱爲組織人本主義，而不是簡單的集體主義。其主要內容是，組織必須充分考慮到個人的利益，組織同時又是個人的利益共同體。組織人本主義一旦變成簡單的集體主義，它的積極的建設功能就會喪失。

嚴格來說，大內等人在對日本管理的研究中感到驚異的事，在大陸是司空見慣的。在大陸過去的國營企業中，職工的集體榮譽感、對組織的依賴以及其他與組織相關的觀念都是非常強烈的。而在相當長的一個時期內，職工的工作積極性也是無與倫比的。

事實上，在過去計畫經濟體制下，大陸的企業不僅是企業組織，同時也是社會行政、法律、教育、社會福利與公共事業等的組織，個人已被培養出一種對組織的全面依賴感。

但是由於我們的組織人本主義的管理哲學是從社會整體的角度來定位的，因此反而對企業組織與個人的關係產生了不良影響。個人成爲某個企業組織的成員是一種政治行爲，既不取決於個人，也不取決於企業，企業無權將其辭退，甚至無權改變其工資待遇。在這種情況下，企業組織儘管承擔了職工生老病死的一切問題，從托兒所到醫院，從糧食到住房，甚至連殯葬儀式也由企業以工會名義主持，但卻難以得到相應的回報。企業變成「大鍋飯」，變成「大家拿」，難以得到很大發展。

從企業角度來定位組織人本主義的管理哲學，其效果則完全不一樣。作爲獨立的經濟行爲主義，企業組織在外部依賴於市場，在內部則依賴於員工。調節好組織與員工個人的關係，是企業有能力從事其經營活動的基本保證。

企業的組織人本主義意味著企業和職工都應該把企業的興盛放在第一位，企業員工與企業結合成一榮俱榮、一損俱損的關係；同時企業又是員工的企業，要兼顧員工的利益。這其實正是許多企業成功的關鍵所在。

在日本，成功企業採用的管理哲學就是組織人本主義。被普遍肯定的日本職工的「團隊精神」具有對組織獻身的涵義，而日本企業對員工的需要也有穩定、持續而合理的關注，甚至美國的現代企業也在採用類似的哲學。被大內作爲Z型企業典型的 INTEL 公司，就提出「『團隊目標先於個人目標』。……如果工作分配或者組織結構必須調整，以改善團隊表現爲原則，而不要堅持個人的事業發展」（參看〔美〕威廉·大內的《Z理論》，台灣長河出版社，一九八五年版）。INTEL公司的「團隊」雖然不是整個公司組織，但是在精神上卻代表公司。

大陸企業最易實行組織人本主義的管理哲學。所謂「天下爲公」，正是一種組織人本主義的思想。這一理想在許多中國人心中有深刻的烙印。這不光在於大陸企業在組織人本主義的傳統中形成自己的個性，而且也因爲多年來大陸實行的一直是組織人本主義的管理哲學，在有了較大的營經自主權之後，企業一旦對其有所革新，它就很容易釋放出力量。

上海第十印染廠是全國聞名的絨布出口專業廠，在一九八八至一九八九年進行了大規模的老廠改造，然而那時恰逢整個社會經濟滑坡、市場疲軟，但該廠卻在如此困難的情況下，實現了良好的經營目標。該廠廠長在職代會上提出的「艱苦奮鬥、勇挑重擔、顧全大局、難中取勝」的「十印」精神，以要求職工爲工廠作貢獻爲主調。但是在具體的管理中，廠長卻非常注重職工的實際困難，強調民主管理，建立「廠長信箱」，採納職工意見，注意隨時溝通，對專門人才實事求是地解決了職稱問題。花大力氣改善職工的生產環境和生活環境，改建食堂、浴室等生活設施，安裝車間空調，組織舞會、歌會、文藝演出等。

上海自行車三廠是中國名牌「鳳凰」牌自行車的生產廠。這個廠用「鳳凰盛，職工富；鳳凰喪，職工窮」的道理反覆教育職工，同時組織編寫幾十萬字的《鳳凰三十年》歷史，開展學廠史、憶傳統的活動，使職工「憶鳳凰、愛鳳凰、爲鳳凰」，樹立奉獻的觀念。在一九八七年，企業已經有了使職工與企業結合成利益共同體的條件。而上海自行車三廠的這些活動，只是使職工能夠充分認識到這種利益共同體或命運共同體的存在。

這並不是兩個非常典型的例子。嚴格說來，組織人本主義的管理哲學要有長期的穩定環境，需要依靠教育（教化）、解決利益相關的實際問題、組織領導人的道德示範以及其他穩定的過程才能被接受。

企業組織人本主義原則

企業的組織人本主義管理哲學應當有下述基本原則：

⑴企業組織高於個人，企業目標先於個人目標。企業組織是由其成員組成的。從現代企業制度的組織形式看，企業組織並不依賴於任何一個成員而存在。傳統的私人投資企業受制於個人資本，但這完全是另一個問題，並且在理性狀態下，私人資本家也並不希望企業組織垮台，即私人投資者實際上也受制於企業組織。這不是一個主觀原則，而是一項客觀規律。一些主張人本主義的管理人員諱言這一原則，其方法帶有混沌性質，而在實際上也不能不用各種手段來實現這一原則。是否明言這一原則，是一個具體方法問題。但如果

對此認識錯誤，以爲個人目標可以優先於企業組織目標，那就是一項根本性的災難。

事實上，企業的普通員工各有其自己的具體目標。這些目標五花八門，從過去的「房子、妻子、兒子」這些較低層次的需要直到現代的自我完善。任何規範的企業組織都不會讓每個人的具體目標來左右企業的目標，但企業的主要管理者則有可能將其個人的目標取代企業的目標。在大陸國有企業改革過程中，這種情況還是存在的。個別企業經營者用各種方法把國有企業的財產變成私人財產，有的將國有資產以各種手段偷偷轉到國外變成私人資產。在最輕微的情況下，一些企業經營者也會設法從國有企業獲取揮霍的權利。這種情況顯然與制度的不完善有關，尤其是與企業的產權、經營權的不明確，企業領導的任免制度與監督機制的不完善有關。因此，確立企業組織高於個人、企業目標先於個人目標的原則，關鍵在於企業主要負責人的素質如何。建立完善的制度，培養「以德爲先」的企業經營者，才能逐步確立組織人本主義的管理哲學。

(2)企業組織是所有員工共同的組織，組織與員工有著共同的利益和需要。這也是一項不可違背的規則。企業組織與員工的利益衝突是企業難以長期穩定發展的主要原因之一。即使面對最適合的市場，企業與員工的利益若不能在某種程度上統一起來，企業的生存和發展就是有問題的。

對這種共同利益和需要，除了以適當的分配方式保證員工的利益成長與企業的利益成長一致外，也需要透過教育和感化來使員工認識到這一點。短期或長期僱佣制不是形成這種認識的根本手段，但長期僱佣制顯然更有利於對員工的培訓和教育。

⑶企業組織要關心員工，給員工提供充分的機會來滿足其個人的需要，發展其個人的專長、愛好和事業。企業組織人本主義除了要求員工服從組織的目標外，需要更多地顧及員工的利益。這不僅僅是維持他們的生存，即付給員工以勞動力的恢復、再生以及培訓等所需要的費用。資本積累初期所採用的超額榨取剩餘價值的作法，只會導致資本與勞動的對抗。現代股份制使企業組織在更大程度上獨立於資本所有人，這爲向員工提供公平的機會創造了條件。

人的需要是隨著物質文化的進步而發展的。現代人對其生存環境和生活質量有更高的要求。現代企業組織人本主義不能繼續使人停留在低水準的生活狀態中，也不能使人只成爲組織的被動構成物。現代企業的員工在很大程度上更需要發展自身的潛力，實現自我價值。提供公平的機會使他們提高自己的專業能力，讓他們在企業活動中發展自己的事業，這不光是個人的需要，也是企業組織的需要。

⑷企業組織要依靠每個員工來實行管理，使員工充分參與企業組織生活。員工參與管理的重要性在許多現代管理著作中都有涉及。一般認爲，讓員工參與管理的目的之一是使員工透過這一過程來增強作爲組織成員的觀念，即通常所說的主人翁精神。同時，員工由

於參與了管理決策，也就有了實現具體工作目標的承諾，增強了工作責任感。在這個意義上說，讓員工參與管理是一種教育手段和管理手段。

從企業組織人本主義角度看，員工參與管理也是目的。從某些企業的情況來看，讓員工參與管理的手段反而會使員工形成一種消極態度，對參與管理變得冷漠。這種現象固然與讓員工參與管理的操作方法不適當有關，但根本原因則是將其當作手段還是當作目的來對待。企業員工是企業存在的基本條件，員工參與管理是一種組織與其構成要素之間的協調，而並非只是一個權宜手段。

(5)企業要把非正式組織與正式組織結合起來。企業中存在著非正式組織，自梅堯以來，這一看法已經受到普遍的重視。非正式組織的效用也得到了較為深刻的研究。在霍桑實驗中，非正式組織具有阻止生產效率提高的能力。後來的研究表明，非正式組織也同樣具有促進生產效率提高的功能。

從傳統的組織人本主義角度看，非正式組織是一種與組織對抗的力量，削弱了組織對個人的影響力，故而孔子一執政就殺掉了非正式組織的代表人物少正卯。但在現代企業中，非正式組織的存在是一個普遍現象，其作用也並非單純地與正式組織相對抗。把非正式組織與正式組織結合起來，是解決對抗而又發揮非正式組織積極作用的正確方法。

企業目標與經營價值觀

企業管理哲學所要解決的另一個重要問題是對企業目標的認識。這也是一種價值觀。企業不能不考慮投資報酬率（和市場占有率）。事實上，所有的企業在確定自己的基本經營路線時都會充分關注這一問題。但是，對利潤率的認識，在不同的管理模式中是不完全相同的。

企業追求利潤是很正常的現象。面對激烈競爭的市場，企業及時調整自己的產品和經營對象，以獲得最大的利潤，是現代企業得以生存的一個基本方法。故而一旦一個有高度發展前景、能產生高額利潤的新技術、新產品出現，人們就會趨之若鶩，希望能夠在短期內獲得較高的利潤。這在諸如電子錶、電子遊戲機以及日前出現的電子寵物等產生時都是如此。

但是，企業在對待投資報酬率上的態度並不完全一致，這反映了兩種管理哲學：一種是優先考慮投資報酬率，在達到相當利潤的前提下才考慮企業的發展問題；另一種是優先考慮企業的發展，投資報酬率只是爲實現這種目標所採取的最基本的手段。

嚴格說來，企業發展不是一個非常明確的目標，企業發展的內涵也有待進一步界定。企業發展是指企業外部經營具有不斷增強的市場競爭能力、擴展能力和持續發展能力，內部管理保持穩定、高效，並具有和諧的人際關係。這是一個綜合性的企業目標，這一目標實際上包含了以市場占有率、投資報酬率以及其他經營指標所描述的企業整體活力，但並不能以某一、兩個孤立的指標來評價企業目標的實現程度。

兩種觀點或兩種管理哲學的產生與企業類型和社會環境都有很大關係。小型私有企業、積累期的私有企業、實行承包制的國有企業等都很容易產生單純追求利潤額和投資報酬率的傾向，尤其在社會環境變動劇烈的情況下更是如此。在改革期的中國，一些私人承包的國有企業具有完全把利潤率與企業發展對立起來的傾向，竭澤而漁，殺雞取卵，把企業投資在超短期內變爲個人的承包利潤。這種投機哲學不能視爲正常的管理哲學，其行爲也不是正常的投資經營行爲，而只是一種超額攫取的短期行爲。但是，在社會環境變動劇烈的情況下，投機哲學和投機行爲是不可避免的。數不清的小型企業在短期的投資中迅速撈了一把，然後又迅速地灰飛煙滅。經濟改革也促使經濟環境發生動盪，投機哲學在某種程度上可以看作是一個時代的部分特徵。

股份制企業在利益追求上趨向長期性。這類企業從制度上確立了利益人的相互牽制，這在很大程度上保證了企業不過分追求短期的投機行爲，投機主義受到了遏制。這類企業在基本的管理哲學上可以有較大的選擇餘地。它們一般以企業發展作爲根本的方針和目標，甚至可以在一定時間內犧牲投資報酬率，以取得更大的長期效益。

以投資報酬率和利潤額作爲明確的企業經營指標，是一般科學管理通常採取的控制方法的組成部分。泰勒的科學管理就企業管理目標而言，是以追求高效爲特徵的。以投資報酬率來表示企業的效率，是極爲自然的。

但是，對於企業發展來說，其衡量指標是一個非常複雜的體系。除了其中明確的數量化因素以外，這種指標實際上還包括了非數量化的因素。例如，對於企業發展而言，人際關係的和諧顯然是一個非常重要的因素。但對於人際關係和諧而言，儘管人們已經設計了一些相關的半定量化的指標，但在檢測時卻並不理想，人與人的複雜關係常常不是用指標可以測量的。

應當說，追求投資報酬率的管理哲學也並不排除在某些情況下暫時犧牲投資報酬率。這並不奇怪。任何投資都會有一定的投資回收期，沒有一個稍有一點市場知識的投資者會幼稚到一手投入資本，一手就立即要求回報的地步。但是，單純追求投資報酬率很容易陷入竭澤而漁的陷阱，尤其在變化激烈的市場競爭中。一個企業的發展，有非常直接的經濟因素和經營因素，包括資金營運、市場建設、產品開發和製造等。在變化如此迅速的現代社會，也許一個新產品的開發和推向市場，就可能導致一家企業的迅速崛起，但也可能因同樣的原因而招致企業的倒閉。關鍵在於這種開發是否符合市場的需要。奉行投機哲學的企業憑藉這種哲學，確能看準可能暫時贏利的機會，並且由此起家。投機哲學就效果而言並不是毫無可取的，但對於多數企業而言，它並不是一種好的哲學。投機行爲對環境的變化過於敏感，非常容易導致與目的完全相反的結果。

相反的，以企業發展作爲企業目標，綜合考慮企業的內部關係、外部關係、管理決策的合理性和技術先進性，在發展中實現投資報酬率和市場占有率的增長，則可以長時期地保持企業的穩定和活力，使企業具有持續發展能力。事實上，穩定發展的企業在本質上都以企業發展爲根本目標，利潤只是保證企業正常發展的必要手段。例如，惠普公司的管理目標就定爲：「獲致足夠的利潤，以支持公司成長，並且提供我們需要的資源，以達成我們公司其他的目標。」獲致足夠的利潤雖被寫在企業目標的首位，但它作爲支持公司成長和達成其他目標的手段這一點是非常清楚的。

對企業目標的不同理解包含有不同的企業經營價值觀，實際上也是處理企業與外部環境的基本思路。追求最大限度地獲取利潤，意味著企業與以顧客爲主的外部環境容易引起嚴重的對抗。這並非是好的經營價值觀，明智的企業經營者已摒棄了這種價值觀。福特汽車公司曾經以讓普通人都能用上汽車作爲基本宗旨，這實際上已是一種超越了單純追求利潤觀念的新的企業經營價值觀，「顧客就是上帝」這種口號不能單單是企業的宣傳口號，而應該轉化爲眞正的行動，這種行動的實施，也正是體現了企業的經營價值觀。如美國國際商用機器公司的「IBM 意味著服務」。麥當勞快餐集團的「質量、服務、清潔和價值」。應當說，前述的 CIS 戰略最值得重視的精神就是把企業的價值觀以人們所習見的方式表達出來，成爲員工的努力目標，也給企業關聯者一個印象與感受。

◎企業文化與倫理：混沌管理的魅力

中國傳統管理重視透過文化與倫理來調節管理系統的內部關係和結構，甚至把管理結構本身也塑造爲文化結構和人倫關係。所謂「君君、臣臣、父父、子子」就是典型。現代企業混沌管理以重視文化、重視人倫關係作爲其重要特徵，並以此來調節企業的內部關係和結構。

企業文化的作用

企業文化現已成爲一個衆所周知的名詞，同時也幾乎成了管理學的入門內容。以企業文化建設作爲管理的一部分，具有非常明顯的混沌管理的方法論特徵，即非規範化、非最適化、不確定性。作爲混沌管理最主要的內容之一，企業文化概念的普及表明了現代混沌管理的合理性。

對於企業文化在企業管理中的重要性的分歧已經縮小了。但是，如何對待企業文化，則仍然有兩種差別甚大的態度。其中之一是把建立、發展企業文化單純看作是激勵人的特定手段。在這種態度的背後，企業文化建設僅僅被看作是某種物質性的建設，如建造健身房、舞廳等。然而，企業文化顯然並不僅僅是物質文化。威廉・大內提出的比較完整的說法是：「傳統的氣氛構成了一個公司的文化。同時，文化意味著一個公司的價值觀，譬如進取、保守或是靈活——這些價值觀成爲公司員工活動、意見和行爲的規範。管理人員以身作則，把這些規範灌輸給員工，再一代一代地傳下去。」（參看〔美〕威廉・大內的《Z理論》，台灣長河出版社，一九八五年版）

一般而言，企業的價值觀、傳統風氣、整體目標、英雄人物、行爲規範以及與之相契和的環境結構構成企業文化的內容。文化這一概念，歷來分歧很多。廣義地說，文化包括人類在其生存進程中所創造和繼承的一切物質成就、制度與行爲規範以及精神世界。如果按照這一定義，企業文化也應當包括物質文化、制度文化、行爲文化和精神文化。但是，按照約定俗成的觀念，企業的技術、管理制度、領導體制和組織結構只在特定的意義下才成爲企業文化的內容。例如，強調這些方面的改變包含了對企業價值觀或管理風格的重大變革時，這些改革才是企業文化。否則，企業文化就是企業管理本身了。

但是，現代混沌管理重視企業文化的建設，則充分體現了混沌管理的魅力。混沌管理不強調直接、強力的控制，而是要求透過各種微妙而間接的關係來影響企業發展。企業文化建設正是其重要的組成部分，而並不像西方管理理論那樣需要嚴格區分企業文化建設和其他管理手段。

傳統混沌管理是建立在文化倫理之義的基礎上的。在中國古代，即使在封建君主專制制度下，由於儒家對文化的提倡，傳統社會也仍然在一定程度上保持了相對的寬鬆氣氛。這是對專制制度的重要補充。缺少文化修正的朝代，專制制度很難較長期地維持。秦朝二世而亡，元朝也未持續很久。前者排斥文化，採取了過於強硬的手段，包括焚書坑儒等；後者過分強調軍事行動，並且受到了漢族文化的排斥。相反的，漢族統治者懂得政權可以從馬背上得之，卻不能在馬背上治之。顯然，在中國傳統管理關係上，文化建設是重要的補充手段。

道德的力量

道理倫理常連起來表述，但兩者略有不同，倫理是指人際關係中的規範。道德雖然實際上也是處理人際關係的，但具有自己的獨立性，並且也比一般規範更高尚、更自覺。在混沌管理的管理方式中，道德示範占了相當重要的地位。中國古代就有「以德爲先」的思想，其中最爲人所知的提倡者就是孔子。而《大學》中的一段話說得清楚：「是故君子先慎乎德。有德此有人，有人此有土，有土此有財，有財此有用。德者本也，財者末也。」

這段話中的「人」可以理解爲生產力或人力資源，「土」則是生產資料或物質資源。古代語言比較簡樸，這樣的理解是完全合理的。但《大學》把「德」放在首位，認爲有了「君子」（實際上就是管理者）的德，才能開發人力資源和物質資源，並最終創造出物質財富（即「財」）。在重文化倫理的古代中國，對於道德的提倡，諸子百家都是贊同的。儒家對此最爲重視，對道德示範的提倡最有力，其影響也最大，這使得道德示範成爲儒家思想的特徵之一。

道德示範大體上可以分爲兩類。

首先是管理者的道德修養與自律。《大學》講的齊家、治國、平天下的基礎在於修身，管理者的道德力量可以影響被管理者。孔子的說法是：「政者，正也。子帥以正，孰敢不正？」《論語・顏淵》）管理者正氣凜然，公平正直，以此作榜樣，誰還敢搞歪門邪道呢？這講的是一種威懾力。而「其身正，不令而行。其身不正，雖令不行」（《論語・子語》）則更明確地表達了道德示範的意思。「以身作則」是中國傳統管理哲學的最有意義的格言之一。以領導者或管理者自己的行爲作爲大衆行動的準則，也就要求自身行爲正直、正當，否則整個管理系統就缺乏穩定性。

管理者的道德示範，並不僅僅是一種威懾力，也是一種引導力、向心力。孟子所謂「得道者多助，失道者寡助」（《孟子・公孫丑下》），就具有這方面的涵義。無論國家、家庭還是企業，管理者的道德自律，都能爭取被管理者的支持。在古代中國，明君、清官是百姓的偶像和救星，也深受百姓的擁戴。中國古代老百姓的這種情結，固然與制度、文化和所受教育相關，但這些並不是全部原因。很重要的因素正是在於明君、清官在某種程度上保持了自己在道德品質上的清高。在絕大多數情況下，領導者的道德修養也是一種權威的來源。這也是現代社會學、政治學的研究結果。「得道者多助，失道者寡助」，也可以認爲是管理系統的對外交往的原則。

另一方面，管理者的道德修養與自律也是取得自身利益的前提。其中最有意思的是老子的說法：「聖人後其身而身先，外其身而身存。」「非以其無私邪？故能成其私。」（《老子・七章》）這就是說要以道德爲前提來獲取自身的利益。老子的觀點從狹義來理解，是一種策略。即使如此，這種策略也是以領導者的道德修養爲前提。如果跳出策略框架，老子的觀點就具有非常深刻的哲學涵義。在根本上來說，付出與取得是有相關性的。只有無私奉獻的領導者，才會達到管理系統的高效與和諧，並在這一和諧與高效的發展中完成自我。這種自我的完成雖然也包括自身利益的取得，但已經大大超越了自身利益。

另一類道德示範是建立工作者的行爲模範。管理者的道德示範作用有其限度。管理者的行爲並不都是具體工作者可以模仿的，因此需要有更爲具體的模範。在中國傳統管理中，更爲具體的行爲模範的提倡是歷代統治者非常重視的。中國歷來都重視表彰忠臣孝子、節夫節婦，各種保存下來的古代地方誌中都有專門的篇幅記載得到過旌表的人員名單和事跡，各地還有大量存留至今的牌坊。工作行爲模範的建立意義是深遠的。

對於企業而言，道德示範要求建立英雄人物形象，以作爲企業的人物典範。企業的英雄不一定是企業主管，只有普通員工才具有更大的模範作用。企業英雄固然要對企業作出貢獻，但最主要的則是他與企業組織的密切關係，對企業組織的忠誠、愛護，與企業休戚與共。大陸國有企業表彰勞動模範時常用的「愛廠如家」，基本上代表了這種要求。這種勞動模範的樹立，在歷史上起到過相當大的道德示範作用。但是由於大陸企業的非獨立性，也由於「文革」所造成的道德標準的變異，企業勞動模範的作用已大大削弱了。此外，在向市場經濟轉變的過程中，由於過分強調物質激勵而忽視企業文化倫理的作用，企業勞動模範的地位也大大下降。另一方面，普通員工的道德示範作用實際上是以企業主管的道德規範爲基礎的。所謂「上樑不正下樑歪」，部分企業主管道德水準的下降以及社會上的「金錢至上」論的影響，也使得普通勞動模範的行爲失去了依託。這使企業的道德示範不再爲人們所重視。這是非常可惜的，是一種社會倒退。現代企業的文化建設，應當首先從道德著眼，新建或重建企業道德規範和道德示範機制。

道德示範就管理效果而言，並不是完全確定的。但對於一個要求能長期穩定發展的企業而言，道德示範的力量就顯現出來了。

人際關係

一個管理制度嚴格且條理性極爲清晰的企業，在工作中的人際關係即被制度限定爲上下級關係、小組成員關係、同級主管間的關係等。在人們強調「公私分明」時，這種關係應當說是合理的。親戚朋友可能在同一家企業工作，但在工作關係上，不循私情、秉公辦事，這種作法，顯然是可貴的。

但是，人際關係的形成，並非全由制度規定。人際關係是一種自然關係，管理制度對其不予考慮或加以完全的限定都不是一個妥善的辦法。霍桑實驗所揭示的是被忽略的人際關係。科學管理在其形成之時就並未眞正考慮到人際關係對企業管理的影響，它只對制度關係有認識。

混沌管理的「和」的精神與思想方法，已成爲現代企業處理人際關係的一個重要的原則。中國歷來強調「天時不如地利，地利不如人和」，對「人和」給予了充分的肯定。西方自霍桑實驗之後，對人際關係的處理也日益有進步。在西方式的僱佣制度中，人際關係的和諧是最爲欠缺的。而在深受中華文化傳統影響的企業中，「和」極受重視。一九八二年住友生命保險公司曾對日本全國三千六百家企業的社是、社訓進行調查，結果發現，以「和」爲中心內容的有五百四十六家，居第一位。日本思丹雷電氣公司是全日本最大的汽車燈具公司。該公司的創始人北野隆春有一句稱爲「人之和」的名言：「人世間不論幹什麼，一個人的力量都是弱小的。『人』這個字是用兩撇，像兩根棍兒一樣互相支撐著，這是教育人們要相互扶持、和睦相處。日常家人的團聚或與朋友熟人合作共事，皆是如此。」（參看吳家駿、鄭海航的《日本企業透視》，經濟管理出版社，一九九六年版）這種認識在日本企業中有一定的普遍性。

家族倫理與擬家族倫理

傳統混沌管理的家庭倫理關係在現代已經被再次發掘出其積極意義。除了華人家庭型企業在現代繼續維持其家庭倫理關係外，大量現代企業也力圖使企業成爲一個大家庭。

在傳統的混沌管理中，文化倫理主義是其基礎之一。中國的傳統家庭結構是與國家的結構相對應的。社會在家庭結構的基礎上構築起整個國家的結構。在這種關係的支配下，中國傳統的倫理也以維持家庭的穩定爲其最主要的目標。雖然由於政治原因，「忠」的位置常被置於「孝」之上，但歷史上提倡所謂「以孝治國」的朝代或皇帝卻絕不在少數。「孝」對於維持家長制是極爲重要的。但除了「孝」之外，即除了要求服從之外，傳統家庭倫理也提倡家庭成員之間的和睦、相互關心與照顧、尊老愛幼等等。在脫離傳統的政治體系後再來認識這種家庭倫理，確實可以看到其中具有的調節家庭中人與人之間特定關係的功能及其合理性。家庭是社會的細胞，這種調節對於整個社會的穩定無疑也起著非常重要的作用。

現代企業並非家庭，即使是世界上廣泛存在的華人家族企業或家庭企業，也不能簡單地歸結為家庭。在古代農業社會中，家庭既是生活單位也是生產單位，而且生產活動與其他活動也完全結合了起來。現代企業在這方面是很難與之相比的。按照一般看法，家庭企業只能以非常小的規模存在。一旦規模擴大，家庭式的經營就會發生困難。大的華人家族企業，實際上與西方社會的家族企業類似，由家族成員占據企業的關鍵職位實施管理。人丁不旺的家族，家族成員只對關鍵的決策負責。由於訊息通訊與計算機技術的發展，新型的家庭企業有可能是小規模的，而同時又具有對大量資金、物質資源和人力的控制能力。對於這類家庭型企業，混沌管理的非規範性、不確定性等方法論特性可能有更特殊的作用。

小型家庭企業大多是現代大企業的補充。這些企業的存在雖然主要在於經濟原因，但家庭倫理的作用也不可忽視。林舟談到台灣家庭企業控制債務「唯一的辦法是以妻子的名義為公司註冊。這樣，一旦公司破產，銀行拒付支票，債權人只能收回妻子一方的財產而不能動丈夫的財產。妻子為此進了監獄，這時丈夫還可以讓公司重整旗鼓把妻子保釋出來。這一辦法犧牲了妻子的利益卻可使家庭的其他資產免遭厄運。據說在獄中因為空頭支票而入獄的婦女人數大大高於男人」（參看林舟的〈台灣家庭企業的文化詮釋〉，《中國社會科學季刊（香港）》，一九九六年春季版）。顯然，這種情況完全是深受中國傳統家庭倫理影響的結果。小型家庭企業的家庭倫理也使得這些企業在保密、內部成員相互間的信用等許多方面占有優勢。由於許多家庭企業都有逃稅問題，有些企業是非法開辦的，或是從事非法經營的（如製造盜版產品），因此在保密等方面要求更高，而家庭的傳統倫理能夠在相當程度上使之有所保證，儘管這給宏觀經濟管理帶來很大問題。

在現代企業中所能採取的倫理規範不是這類傳統家庭倫理或家族倫理，但是的確有許多傑出的企業家對企業內部的家族般的人際關係予以極大的重視，並試圖培養一種使企業成員把企業看得如同家族一樣的倫理規範。索尼公司的會長盛田昭夫說：「在日本，經營者的最大作用，是培育與社員的健全關係，是在公司中造成家族式的一體感。換言之，即是使社員抱有與經營者共命運的心情。在日本最成功的企業，是公司全體成員具有命運共同體意識的企業。」對於這種家族式的命運共同體，其企業的倫理規範可稱爲擬家族倫理。

擬家族倫理與家族倫理有相當大的區別。在中國傳統倫理中，維護家長制的「孝」是其中最主要的，而擬家族倫理則以對企業的忠誠代之。歸根結底，企業組織並不同於家族組織，但是，兩者在組織與個人的結合上則具有非常相近的效果。

7 現代混沌管理的其他方面

混沌管理不僅是文化倫理層面上的東西，而且也同樣存在於技術層面或其他方面。

◎混沌決策：混沌管理的潛力

管理決策是管理中的一個重大問題，企業經營決策也不例外。在這一領域。儘管已經有相當多的專門著作，有許多成熟的決策理論。但是，實際的決策過程卻常常不同於甚至完全背離決策理論所要求的決策程序和方法。這些不同於成熟的決策理論與方法的決策，如同嚴格按照決策程序進行的決策一樣，有成功也有失敗。重要的是，在許多情況下，現實的決策常常由於各種原因而無法完成規範化的決策程序，這爲混沌管理決策的存在提供了現實條件。而同時也使混沌管理的決策可以發揮其一定的潛力。

預測與不可預測性

預測是決策的基礎。市場調查與預測、資源預測、政策變化的預測等，都是作出重大管理決策時所必需的。任何一本管理教科書都強調在管理決策中預測的重要性。然而，預測的科學性和確定性並不像《預測技術導論》一類著作所聲明的那樣，一個重要的例子是羅馬俱樂部所提出的「成長的極限」。這項研究運用了當時最先進的預測方法——系統動力學方法。當這項研究結果問世時，全世界都引起了轟動。這項研究建立在對能源和物質資源的科學調查基礎上，研究結果有很高的科學性。研究提出了人類經濟成長的限度問題，並對這一極限作出了自己的預測。這一問題的提出使國際社會對經濟成長的觀念有了巨大的轉變。在後來形成的「可持續發展」這一經濟社會長期協調發展的觀點，可以說是建立在這一研究的基礎上的，至少也受到了這項研究的極大影響。但是，這項研究中的具體預測部分，其實與後來的社會經濟進程並不相符合。不相符合的一個重大原因是，這一研究提出了重大的危機預警，而人類社會在如此重大的危機預警面前絕不會無動於衷。事實上，人類社會在能源的開發、利用等許多方面都採取了重大步驟來防止危機的到來。這就是說，預測是對人的行爲或其後果的預測，而人的行爲會由於預測而改變，從而引起後果的相應改變。這是不可預測性的一個重要來源。當然「成長的極限」對人類的適應能力和科學的開發能力也是估計不足的。

但這只是不可預測的一個來源。人的理性限度則是另一個來源。人的認識基於他所接觸到的訊息，但訊息的取得總是有限的。這不僅取決於是否建立了訊息的良好的傳播途徑，而且也取決於人力、財力和時間。時間限度在很大程度上限制了預測的可能性。另一方面，人在對訊息的主觀篩選中，非常容易遺漏重要的訊息，同時受到錯誤訊息的誤導。當然還有許多可能造成訊息取得的有限性的其他原因。即使在主要訊息已經充分及時地獲取的情況下，預測方法和基本信念的問題仍然會造成預測的偏差。

就預測對象而言，規律性的對象比較容易預測準確，而規律性不強的則難以預測。對於變化劇烈的經濟活動，雖然不能說根本就無法預測，但困難是非常大的。六十年代中期，美國麻省理工學院發明了磁芯技術，磁芯曾是計算機中用於記憶的關鍵元件。當時IBM公司曾提議每生產一個磁芯付一美分以獲得技術轉讓，但學院未予同意，而最後以數百萬美元的價格一次性轉讓了這項技術。假如接受IBM最初的提議，學院的收入有可能擴大幾百倍。但在當時只有少數人看到了未來訊息社會發展的前景和電腦技術的迅速發展。對於企業經營管理而言，預測經營對手的活動這一類情況是相當難的。雖然有些企業家往往能作出「棋高一著」的好對策，但這取決於他們的經驗和其他因素。由於不清楚其中的機理，這種預測就往往帶有某些神祕性，並且從科學的角度看，這種不可重複的經驗也仍然稱不上科學，仍然只是帶有隨機性的賭博。

企業混沌決策

現代管理決策理論要求企業在決策過程中要掌握充分的訊息，提出充分多的備擇方案，最後在這些方案中選取最適的方案。賽蒙對這一最適決策過程提出了相當有力的批評。人所具有的有限理性，並不容許決策者掌握足夠的訊息，提出足夠多的備擇方案，並有足夠的時間研究所有備擇方案以作出最合理的選擇。

掌握儘可能多的訊息，從最適化要求本身來說是合理的。《孫子・謀攻》說：「知彼知己，百戰不殆。」但是現實的企業經營者不可能充分掌握訊息。而問題往往在於，沒有充分的訊息，是否仍然需要作出決策？這是企業經營者所面臨非常困難的問題。

一則古代寓言說：一頭羊去尋找食物，發現了兩堆草，但不知道究竟該吃哪一堆，牠在兩堆草之間徘徊，最終餓死了。

企業經營者最常碰到的決策問題與寓言中的羊相似。也許缺乏訊息，也許訊息是虛假的，也許方案是根據虛假訊息作出的，這些都使人難下判斷。

但是，對於企業經營者來說，靜等事態明朗化絕不是辦法，這就意味著盡失先機。商場如戰場，先機一失也許全盤皆輸。在這種情況下，經營者往往會根據並不明朗的消息作出判斷。一旦判斷準確，經營者的天才、直覺、靈感就被認爲是作出正確決策的關鍵。

從企業經營的角度看，天才只是對效果的事後追認。一個經營天才的被承認，是因爲他的經營取得了重大的成功，是因爲他的經營管理手段、方法、策略等在實踐中被證明是合理的、高效的。我們無法否定天才的存在，但也同樣無法確認其作用。但是直覺、靈感則是值得注意的方面。雖然直覺和靈感的心理學機制並未被科學所充分瞭解，但其作用甚至在科學研究中也是被承認的。比如苯這種物質由六個碳原子和六個氫原子組成，是現在很多藥物的生產原料。苯在最初被發現時，人們在好長時間中都不清楚它的分子結構。一八六五年，化學家凱庫勒提出了苯的環狀結構的假設，從而爲有機化學的理論化創造了結構化方法。從鍊狀結構到環狀結構，在有機化學中是一個非常重大的創造，局外人難以想像其困難程度。凱庫勒後來描述這一發現過程是：他在一個時期裡不斷思索著這一問題。有一天，在長時間地思考之後，他感到疲倦，於是就在壁爐邊打了個盹。他在半夢半醒中直到有一條金蛇在爐火中跳舞，然後蛇突然咬住了自己的尾巴。這時他從夢中驚醒，並且領悟到苯的分子可以採取環狀結構。這個科學上的重大發現顯然與某種靈感有關，實際上，直覺和靈感是與經驗、學識和努力分不開的。

理性的管理學理論並不贊成混沌的決策方法，不贊成根據天才、直覺和靈感決定企業的重大問題，甚至也反對簡單的經驗方法。管理學家和企業家也都謹慎地避免涉及決策過程中的不確定性、混沌性，甚至像賽蒙這樣的人物也只達到有限理性而已。但是，不少成功的決策案例往往是對結果的追認，而並非實際的過程；是在事後的聯想，而非事先的預計。有的決策在成功之前可能只是一種成功率不高的賭博。換言之，決策的目標與實際執行的結果是存在距離的，有時甚至會完全相反。

如果注意到整個經濟生活如何大量地淘汰或改變著各種具體經營行動，那麼決策的正確與錯誤就只是經濟活動中的小小插曲而已。但對於每個企業，決策就可能是生命攸關的事了。不過，經營是一個過程，而不僅僅是決策的一個環節。除了決策之外，企業傳統的外部聯繫、決策目標的執行、管理控制、訊息反饋調節、企業文化及其他各種管理環節，都在不同程度上改變著決策的結果。事實上，既定的決策目標並非都能完全達到的，都需要經過實際過程的反饋調節。透過這樣的過程，初始目標與實際目標的關係才最終確定。

但是，決策總是帶有某種混沌特性的。有時作出實際選擇時的困難程度不亞於孤注一擲。在這種情況下，決策者會採取各種方法來試圖提高決策的科學性，例如，透過集思廣益、少數服從多數等辦法。但從邏輯上來說，這些方法並不能解決前述的決策中存在的問題，不能消除決策的混沌特性。

兩廂戰略：混沌決策選例

戰略決策的混沌因素更多，這是因爲它在時間上和空間上的跨度更大，涉及因素更多，以及人的認識能力相對有限。現代管理已經採取系統工程的方法來組織複雜系統的管理操作，但並非所有複雜系統都能使用這一方法。受財力和訊息處理技術的局限，也由於時效問題，系統工程的應用有相當大的限制。同時，這一方法本身也存在著有待繼續發展的地方。因此，戰略決策在相當程度上屬於混沌決策。

作爲混沌決策的一個重要例子，筆者提出所謂「兩廂戰略」。一九四五年底，隨著抗日戰爭的勝利，中國的局勢發生了極大的變化。國民黨軍隊在美國的支持下，力圖全面控制大城市和交通線，東北鐵路沿線亦已爲國民黨軍隊占領。在此情況下，毛澤東代表中共中央提出了「讓開大路，占領兩廂」的重大戰略決策，轉向建立鞏固東北根據地，發動群衆，積蓄力量。這一方針，由共產黨東北局和東北人民解放軍有效地實現了，從而迎來了三年後共產黨在東北的全面勝利。這一戰略決策中所體現出來的卓越戰略思想正是筆者所稱的「兩廂戰略」。

將兩廂戰略作爲一種決策方法與決策思維方式考慮，從決策和管理的角度看有非常合理的地方。從西方管理思想的發展看，由泰勒奠定的科學管理理論已經受到嚴重的挑戰。

科學管理的標準化、規範化、最適化、精確化的思想正被權變、創新、滿意、混沌等觀念所代替或補充。兩廂戰略作爲一種對訊息要求較低、對預測方案要求較少的決策方法，有很大的可取之處。兩廂戰略的決策過程是一個宏觀過程，是對於全局的總體上的思考。在戰爭時期，受到隔離和變動頻繁的雙重影響，要求對各地區的活動有相當精確的瞭解是不可能的。在這種情況下，兩廂戰略的戰略選擇只要求對宏觀局勢有整體的瞭解，對力量對比有明確的認識。這種決策方法，與現代科學管理決策是不同的，但又是現實可行的。

現代管理決策在科學方面的要求有越來越高的趨勢，並且正在向系統化方向發展。尤其是一些大型的建設項目，投資大，週期長，社會影響大，環境關係複雜，更需要進行周密的論證，實施系統化的管理。系統化的考慮有許多優點，能儘可能地減少損失，增加效益。但是，系統管理與決策的思想也受到很大的挑戰。一個最主要的問題是，系統管理和決策對訊息、條件、決策方案等的要求非常高。這首先使得管理決策的成本大爲增加，有時甚至上升到無法承受的程度，但這只是一個方面。問題是，儘管在理論上說，透過系統處理過程可以找到最適方案，但在實際上卻是不可能的。賽蒙談到了這種不可能的依據。科學管理要求管理決策的客觀理性，但實際行爲卻明顯缺乏這種客觀理性而只有有限理性。賽蒙的觀點前已有論述，此處不再重複。

與精確化、最適化比較，兩廂戰略的決策思維方式有相當大的優越性。在現代，社會經濟的發展構成了越來越複雜的大系統。複雜大系統中各因素的相互作用，存在著無法完全掌握的訊息和變化情況。從微觀的、具體的層次上考慮這些因素，則有無限的訊息量要處理，這構成了人們常說的「訊息瓶頸」。至於變化就更複雜，存在著更大的不確定性，存在著無數的隨機因素。如果注意到諸如協同理論一類新的學科的成就，那就會發現，要繞過訊息瓶頸問題，把處理對象放在宏觀層次上也許是非常必要的。協同理論的基本思路和方法就是透過利用「慢變量支配快變量」的所謂「支配原理」，使無數的變量（即對訊息的具體描述）在處理中讓位於少許幾個序參量，從而得到較好的處理結果。協同理論的這個方法其實就是用宏觀變量來代替微觀變量。兩廂戰略也正是以宏觀思維代替微觀思維。兩廂戰略要求從整體上來發現戰略佈局，而並不十分注重微觀局勢，這就可以在只有相當少的訊息、只處理相當少的變量的情況下作出戰略抉擇。對於經濟、社會的大規模的改革開放這樣巨大的系統變化，系統科學到目前爲止還沒有什麼眞正禁得起考驗的精確方法，兩廂戰略的決策思維方法就顯得更爲寶貴。

這類決策思維方式可以稱之爲混沌決策。混沌與清晰、模糊與精確本是同一事物的兩個方面。透過清晰、精確的過程可以達到的目的，透過混沌、模糊的過程未必不可以達到。這不僅是一種辯證思維方式，而且也是現代包括混沌學之類的複雜性科學所已經或正在證明的。

◎管理創新：混沌管理的自我突破

傳統混沌管理追求穩定，而現代混沌管理也同時追求創新。不斷的創新可以說是現代混沌管理的一個特徵。理由很簡單：混沌管理是一種反機械論模式，它的非規範化給創新提供了良好的條件和機會。事實上，早就有人提出過管理的混亂是創新的機會。從事物的發展規律而言，從混沌到有序本身就是結構創新的過程。

傳統的混沌管理在開發民智上處於落後的階段。由於追求穩定，傳統混沌管理以管理系統內部各要素、零件的位置與功能的相對固定化爲代價。儒、道、法諸家都反對讓人民有更多的知識和更多的自我意識，這種思想在很大程度上阻礙了科學技術的發展。對此，本書前已有論述。追求穩定並不一定意味著落後，但傳統的混沌管理確有其落後之處。

然而，混沌管理在方法論上反對機械方式，提倡非規範化，承認不確定性，這就會在一定條件下自我突破而進行創新。

創新的來源

著名管理學者杜拉克談到過創新的七個來源：意想不到的事情（包括意想不到的成

功、失敗或外部變化）；不協調的現象（包括客觀與主觀的不協調）；過程需要的創新；尚未意識到的產業與市場結構的變化；人口變化；觀念轉變；科學與非科學領域的新知識（參看〔美〕杜拉克的《創業精神與創新——變革時代的管理原則與實踐》，工人出版社，一九八九年版）。

一旦突破思維模式，混沌管理實際上就涉及到了所有這些方面。所有的意想不到、所有的變化與不協調，顯然都可以用混沌來表述。混沌本身就意味著可以從混沌中再生結構。這是本書選擇混沌一詞的用意。德魯克談到的也是混沌，除了最後一條之外。

除了這七條之外，杜拉克還提到了創新的另外一個主觀性更強的來源——靈機一動，這也就是前文已經提到過的靈感。靈感在創新的領域較之在其他方面更有用武之地。拉鏈、易開罐、噴霧器顯然是成功的創新。但是，由於靈感本身的模糊性，其結果的確定性存在很大的問題。靈感性創新的不可預知性和高失敗率的原因是顯而易見的，因爲它本身是模糊而令人難以捉摸的。杜拉克不贊成重視這種創新，因而未將它納入創新的來源。但這並不妨礙混沌管理鼓勵和讚賞這種嘗試。問題只是，靈感性創新只有在納入整個管理系統，成爲其中的一個部分時，才有較大可能完成其有效化的過程。當然，仍然會有相當部分的靈感性創新最後被淘汰，但那些最終被作爲企業的創新而被企業接受的，則會成爲企業最成功的經歷。在一個大企業中，以企業可接受的程度（財力、結構合理性、企業文化等的限度）來努力鼓勵這種創新，實際上是企業成功的決策之一。

邊緣空間的創新

前述的「兩廂戰略」是混沌管理自我突破的一個良好例子。兩廂戰略不僅體現了一種積極的戰略意圖，即著重於未來的發展，而且還表現在薄弱處尋求新的生長點的創新意識。兩廂戰略的思想重點是一個「廂」字。「廂」者，邊緣空間也。「邊緣空間」並不是一個簡單的地域上的概念，一般而言，「邊緣空間」是指遠離結構中心的那一部分。「邊緣空間」是最具創新意義的空間，在混沌管理中極受重視。在這個意義上說，兩廂戰略的積極和重大的管理哲學涵義即在於重視邊緣空間的存在。

首先，邊緣空間是傳統結構最爲薄弱的區域，是一種結構向另一種結構過渡的區域。無論何種結構，包括社會結構、經濟結構和管理結構，都存在著核心層與外緣的差別。在結構的核心地帶，結構本身的特性最爲突出，其自身的凝聚力也最大，因而是一個系統的最穩定地帶。當原有的結構出現問題，需要作某些改變時，核心層對這種改變的阻力顯然也是最大的，這正是改革或革命不易在結構的核心層出現的原因。

在力量足夠時，核心層能否發生改變呢？答案自然是肯定的。但一般而言，這種改變是一種對原有結構的完全破壞，就如同炸彈的爆炸。這種破壞的結果，是新的力量必須在完全的廢墟上予以重新建設。不可否認，政治變革有時是以這種方式進行的。但對於經濟改革而言，這種方式是不適用的，或不完全適用的。這種方式意味著對原有經濟基礎的大規模破壞，因而必然造成社會的嚴重動盪。這與像經濟改革這一類創新的初衷是完全不相容的，與經濟活動中的一般創新也可能是不相容的。

然而，邊緣空間是一種混合空間。邊緣空間的結構趨向混沌，從而為創新提供了最合適的條件。在邊緣空間，創新過程可以變得極為活躍，並且變得較為容易。

其次，邊緣空間是結構的物質與訊息的耗散區域。

耗散結構理論證明，自組織系統的進化發展是由於系統存在著物質、能量和訊息的耗散。這裡的「耗散」，實際上是指系統與環境之間在物質、能量和訊息上的相互交流。對於缺乏這種交流的孤立系統，熱力學第二定律早已證明了其趨於極大的必然性，從而導致系統走向低級、平均化、完全混亂狀態。社會系統、經濟系統早已從實踐上證明了是一種自組織系統，需要有相當程度的開放，要有物質、訊息等的相當充分的交流。大陸改革開放的成功，是一個極重要的例證。改革與開放，兩者缺一不可。

但就一個結構內部而言，顯然存在著很大的不平衡。與系統外部的物質、訊息等的交流，具有明顯的梯度現象：在邊緣空間最為活躍，越近中心則這種交流越不足。毫無疑問，這種現象的存在，使得改革在邊緣空間的活力遠大於中心地帶。從地域上看，這種活力的存在是非常明顯的。邊緣地帶與外部的交流是充分可能的，而中心地帶則需要邊緣地帶作爲中介。事實上，諸如物質一類的交流，當其通過邊緣地帶向中心地帶擴散時，物質的截留是非常嚴重的。訊息交流具有與物質交流完全不同的性質。即使如此，訊息在通過邊緣地帶向中心地帶傳遞的過程中，其干擾和變異仍是相當嚴重的。

第三，邊緣空間是最具有發展潛力的地帶。

對於任何結構，邊緣空間都是極具發展潛力的。這種發展潛力首先是基於前兩個條件，即它既是原有結構的薄弱地帶，同時又具有物質、訊息等的交流的便利，這兩者是具有決定意義的。

但邊緣空間還有其不同方向的發展優勢。一個發展方向是指向中心區域的。邊緣空間的變化可以逐漸地影響核心空間。這種帶有滲透性質的變化，作用溫和而持久，因而受到的阻力也不大，具有潛移默化的特點。這種作用是激烈的變革所不具備的。運用辯證法可以很清楚地得到這一認識。但這一認識不僅是哲學的，而且也可以說是現代科學的。現代自組織理論的核心理論之一的協同理論研究表明，在系統變化過程中，慢變量支配快變量。這一原理被稱爲「支配原理」或「役使原理」。另一個發展方向是指向系統以外的。邊緣空間同樣可以憑藉系統的優勢方面而向其他結構擴展。這種雙向的發展特點，使邊緣空間可以充分利用各種不同結構的各自優勢，起到互補的作用。

由於邊緣空間的這些特點，系統的邊緣空間就成爲最有潛力的創新空間。現任管理學極其重視創新。極有影響的美國管理學家杜拉克寫的《創業精神與創新》一書，其副標題就是「變革時代的管理原則與實踐」。創新作爲一種管理原則，在現代已經受到充分理解。從哲學角度說，創新是突破原有思維（或曰習慣性思維、惰性思維、思維定勢等）局限的過程，就是要從主體思維中擺脫出來尋找新的靈感。創新過程在邊緣空間最易發育、發展，並可透過與外部世界的充分交往而獲得活力。同時，在邊緣空間的創新過程最具有融合前後兩個時代、新舊兩個系統的能力。創新過程也可透過邊緣空間逐漸平穩地擴散其影響而不至於受到舊有結構的激烈反抗。

作爲管理創新的大陸經濟改革

大陸從一九七九年開始推動經濟改革，近二十年來取得了很大的成就，這是有目共睹的。這一改革總的說來比較平穩。大陸過去的計畫經濟體制，已經證明存在著相當大的問題，對於發展經濟、改善人民生活是很不利的，經濟改革勢在必行。但經濟改革所造成的經濟體制的急劇變動，卻極可能導致社會的劇烈震盪，造成對社會和人民利益暫時的較大損害。其他國家在經濟改革過程中所採取的激進的「休克療法」，已經證明了這種情況。大陸的經濟改革在很大程度上避免了可能帶來的激烈動盪，使經濟和社會在總體上保持了穩定，同時又取得了經濟的很大發展，這與大陸領導層在實際上採取了恰當的戰略關係極大。

大陸最早的特區選擇在毗鄰香港的深圳和其他與外部交往密切的沿海地區，結構上的邊緣空間的優勢是極其顯著的。鄧小平說過：「那一年確定四個經濟特區，主要是從地理條件考慮的。深圳毗鄰香港，珠海靠近澳門，汕頭是因爲東南亞國家潮州人多，廈門是因爲閩南人在外國經商的很多。」（鄧小平：「視察上海時的談話」）又說：「特區是個窗口，是技術的窗口，管理的窗口，知識的窗口，也是對外政策的窗口。……特區成爲開放的基地，不僅在經濟方面、培養人才方面使我們得到好處，而且會擴大我國的對外影響。」（鄧小平：「辦好經濟特區，增加對外開放城市」）顯然，大陸領導人在最初確定建立特區時，已經相當清楚地瞭解邊緣空間的優勢。這些地區，透過便利的地理條件或人文地緣條件，從國外吸收了資金和技術、知識、經驗等，完全達到了鄧小平在決策設立特區時所提出的目標。同時，特區又起到了橋樑的作用，使資金、技術等所有這些重要的經濟資源不斷向整個大陸滲透。特區充分發揮了邊緣空間的作用。

一旦在政策上確定了特區在經濟上的特殊性，它就已經不光是地理意義上的邊緣空間，而且也是整個經濟結構的邊緣空間。中國傳統的計畫經濟的經濟結構，正是首先在特區開始逐漸走向了社會主義的市場經濟。應當說，這在經濟上的意義更大。

近幾年來，大陸開放了一個更大的「特區」，即上海浦東新區。人們在回顧大陸的改革開放歷程時往往認爲，沒有更早開放浦東是一個遺憾。但是，從邊緣空間理論來分析，這似乎更是一種幸運。上海並不是地域意義上的邊緣空間，也不是經濟結構上的邊緣空間。浦東雖是上海的邊緣空間，卻並非全國的邊緣空間。事實上，上海長期以來承擔了國家財政收入的六分之一的任務，爲整個大陸的經濟穩定作出了貢獻。如果浦東地區過早地實行特區政策，其引起的後果並非是可以預料的。浦東地區改革開放，必然對整個上海產生巨大影響。這種影響不僅是經濟的，而且也是社會的、文化的，甚至是政治的。而一旦上海發生問題，那麼它對整個經濟結構所造成的影響必然非常巨大，引起的社會經濟震盪很可能是非常劇烈的。這從邊緣空間的功能來考慮，是非常容易認識的。結構外訊息透過邊緣結構所進行的擴散，在進入結構中心時已經充分消化，其作用相當緩和，不至於引起巨大動盪。而如果這種訊息透過某些特殊過程而直接進入結構的中心區域，就會引起結構對外來影響的激烈反抗。在建立特區多年以後，由於深圳等特區已經把國外市場經濟的各方面情況逐漸引進了大陸，大陸對於西方市場經濟的結構已經在經濟上、文化上、思想意識上作好了準備，並且在相當大的程度上改變了自身對外事物過於僵硬的反應，在此情況下，上海浦東的開放才能比較順利地取得成效。由此看來，浦東新區的建設是自改革開放以來，大陸所採取的戰略順理成章的結果。

作爲決策方式和戰略，邊緣空間戰略也能在較小的範圍內取得效果。無論是城市改造、商業網點發展、交通幹道建設等，都可以應用這一決策思維來取得效果。例如，對於城市改造，尤其是一像些歷史名城，決策者往往陷於兩難境地。若不予以改造，則無法適應社會發展、經濟發展的需要，但一加改造，則歷史遺蹟破壞殆盡，傳統文化風格全然喪失，古城風貌難再，而且經濟實力也不允許。如果能應用邊緣空間戰略，施大手筆，對舊城暫時棄之不顧，而另建新城於邊緣空間，則兩難問題可以在某種程度上得到解決。從改革開放以來許多城市的發展經驗看，邊緣空間戰略也是實際上所採取的有效戰略，只是在有些地方有些時候並不那麼被人自覺應用而已。

對於交通幹道建設也是如此。近年來隨著經濟的發展，許多城市的交通擁擠不堪，不得不大加改造。然而由於道路施工，原來的交通卻變得更加擁擠，讓人無法忍受。如果用邊緣空間戰略的思維方式，保存舊道，在原有幹道的兩邊尋找有基礎、有條件的地方新建現代化的道路，顯然可以大大減輕交通狀況的惡化。尤其是改造舊幹道兩側有一定基礎的道路，如果計畫得當，修造費用會比舊幹道改造增加有限，甚至可以不增加。而新闢幹道完成後所取得的效益，卻比舊道改造要大得多，可以形成新的商業中心及其他經濟增長因素。據筆者看來，近年來大陸東部地區城市的建設在這方面教訓不少，似與不瞭解邊緣空間戰略這一重要戰略思想頗有關係。

大陸的改革開放正在繼續深入發展。這樣一個巨大系統的深刻變化，不可能以數學的精確性來完全確定每一個具體的進程和每一項具體的工作。但是對戰略目標和戰略方案的選擇給出某種程度的確定性是完全可能的，而且也是完全必要的。從整個社會的發展看，經濟只是社會結構的「邊緣空間」，經濟改革的影響正在向文化、政治等方面深入。如果能更自覺地運用邊緣空間戰略的思維方式和戰略方案，改革開放的穩定、持久和發展應該是更爲可靠的。而在經濟建設一些具體的方面，邊緣空間戰略也是可供決策者深思和引爲決策思路的。

◎相關管理方式略論

現代科學力圖使事物清晰化。現代技術的發展又使得這種清晰化成爲可能。但是，技術的過度發展所導致的人和技術之間的衝突，是西方社會的矛盾主題之一。這種已經在社會批判理論中討論得相當透徹的矛盾，在實際的社會過程中，顯然並未得到解決。而在企業管理中，則表現得更爲明顯。

零庫存管理

企業庫存管理是一項技術性很強的管理工作。生產型企業需要有原材料的儲備，同時又有產品的儲存。企業生產的中間環節越多，積存在生產中間環節上的原材料和半成品就越多，而其產品的庫存則取決於企業的銷售與運輸情況。商業企業也有同樣的問題。商品的存貨還極易受進銷市場的變化影響。

由於庫存量的大小涉及到資金的占用量和人員、倉庫等的配備，減少庫存即意味著可以減少資金的占用和管理費用的支出，因此人們一直在爲減少庫存而努力。隨著計算機與訊息處理技術的發展，零庫存管理的概念也已提了出來，並且被許多企業接受爲節省開支的理想措施。透過電腦實時系統，管理人員可以瞭解生產或銷售的進度，確定進貨情況。這一過程在高度自動化、程序化的情況下，甚至可以完全不需人干預。

但是零庫存畢竟是一種理想狀態。零庫存的前提條件是生產過程的嚴密銜接。這首先在技術上要求實現零差錯。一旦出現差錯，後果就會相當嚴重，甚至擾亂整個生產程序，這就像在高速公路上行車一樣，車距越小，汽車的通過量就越大，但一旦出現異常，就會造成嚴重的車禍。但技術上實際的零差錯是不存在的，只能盡力減少差錯的發生，降低差錯發生率。不僅技術上有此要求，而且零庫存管理也要求人達到無差錯。技術化程度再高的生產過程也不能沒有人參與，而人常常更容易受到一些不可預測的因素的影響。人的肉體和精神的各種狀態，如情緒、疲勞、疾病等都可能是影響其工作的不可測因素，這些狀態的無規律出現，對於精確化要求非常高的零庫存管理無異於隨時可能引爆的炸彈。

技術過於精密化的傾向與人的行爲的模糊特點是相悖的。這種衝突實際上是人常常會產生一種反技術情緒的心理動機。人也許能在短時間內完全適應高精密化的技術運作，但絕不可能持久。對於庫存管理，原則上可以透過調節存貨餘量而保持較高的經濟效益，零庫存管理的最適化是不可能達到的。而對於其他對精確程度要求更高的過程，人與技術的矛盾也許更容易體會到。技術在這方面的局限，我們可以從火箭發射的失敗案例中得到啓發。運載火箭的技術要求極高，理論上應該是萬無一失的。但在實際上，火箭發射失敗的例子並非絕無僅有，美國的航天飛機、前蘇聯的宇宙飛船、歐洲和大陸的運載火箭都有過失事的紀錄。失事的原因是多方面的，但技術在複雜環境中的局限是最基本的原因。

經驗運籌

運籌學在現代管理中發揮著舉足輕重的作用。運籌學與管理科學在英語中甚至可以是同一個詞。在大量管理軟體問世之後，管理決策已經變得相當機械了。至少在企業的中間層次上，電腦代替了大部分日常管理工作，這也正是未來學家認爲未來管理將取消中間層次的原因。事實上，在許多大型企業中，原來富有創造性的中層管理工作，早已變成相當規範化的日常工作了。

儘管在管理學的教科書中，按照不同的體系，仍然在講述著比較簡單的統籌安排例子，介紹諸如關鍵路線法或線性規劃等管理科學的原理，但在實踐中，人們已經可以用計算機來作出相應的處理，只要能找到在具體的生產或商業或運輸中的具體條件，並輸入相關的數字。

用電腦處理得到的結果，遵循著最適化的原則，事實上這也是數學運算所能得到的唯一解。沒有唯一解的數學模型，或者乾脆就是無解的，或者是更為複雜的過程。由於在運算中總是要對因素加以簡化，在成熟的管理模型中並不存在無解的情況。

但是，運籌並不僅僅是電腦的本領。對於比較簡單的過程，經驗可以達到與電腦所計算得到的相同或相近的結果。因提出了大陸郵遞員問題而在運籌學界有一定影響的管梅谷教授，提到過這一件事。他曾在一個城市研究郵遞線路問題，對一個投遞線路運用運籌學的方法處理，得到的結果卻與郵遞員的實際投遞路線幾乎完全一致。換言之，郵遞員在長期投遞實踐中透過對線路的逐步修改，其結果已相當接近最適結果。這是經驗方式的運籌。不僅如此，經驗在相當多的情況下，都能導致極為適化的結果。取得經驗的過程就是適化的過程。

重視經驗是混沌管理的積極一面。在經濟發展的過程中，存在著大量未經過學院式的學習，對現代科學管理理論所知不多的人，但他們卻創立了現代企業並且取得了成功。企業管理理論往往無法解釋這種現象。在較簡單的生產實踐中，人們的具體工作經驗也能形成高效的工作方法。

彈性工作時間

一般認爲，彈性工作時間是隨著兩個方面的發展而受到重視的。第一是訊息技術的發展。這爲相當一部分工作提供了物質條件。第二則是人本管理思想的發展。人本管理要求充分調動個人的工作積極性，並且認爲只要向工作者提供充分發展的機會，他們就會努力發揮自身的創造性和潛力。在這兩個基礎上，彈性工作時間作爲一種工作制度而發展起來。

彈性工作時間制實際上存在兩種形式，在給予個人的自由度上也表現出差異。一種形式是個人可以在自己認爲合適的時間到企業進行自己的工作，但在某一個時間內必須工作滿一定的時間。這種形式方便員工合理安排自己的生活，從而提高了員工的積極性，鼓勵員工在工作時間內作出更大的自覺努力。這在管理上顯然會帶來一定的困難。

另一種形式所給予的自由度更大。除了對成果以某種方式加以考核外，企業並不干涉個人的安排，只是提供服務和指導。顯然，這種方式對人性的預期更高。對於創造性強的工作，提供方便的工作條件，但不對工作者的工作方式和工作時間進行干預或限制，常常能有特殊的激勵效果。這可以看作是無為管理的一種形式。這種形式對於某些人來說，效果可能是驚人的。大陸著名文字處理軟體 WPS 的編寫就有這樣的情況。軟體編寫者要求伯君接受金山公司邀請編寫該軟體，金山公司給求伯君在深圳一家飯店租了一個房間，提供了一台電腦，並不干涉求伯君的工作。結果求伯君夜以繼日地工作，半年多時間就完成了這一軟體，發行後風靡中國大陸。儘管這是一個個別事件，但它具有普遍意義。

彈性工作時間帶有混沌管理性質，但並不完全是一種新工作方式。推行彈性工作時間制有時是一種無可奈何的選擇。例如，推銷員的工作，嚴格規定工作時間顯然會大大降低工作效率。

除了高度集中的工作以外，對工作人員工作時間的限制，包含有加強監督的涵義。正因為如此，如果能依靠其他方法加強員工與企業的聯繫，提高員工個人目標與企業目標的相合程度，從而使員工更自覺地作出努力，那麼強制性的固定工作時間就沒有必要了。現代管理理論提倡員工與企業結合成命運共同體，提供以企業道德、企業文化來聯繫與規範員工的行為和關係，提倡讓員工參與管理而使員工發展其個人的高層次需要，提倡透過價值觀、理想和文化素質的教育而使人性得到改善，實際上已經為企業員工的自我約束和自我發展提供了理論上的機會，固定的工作時間也因爲這些原因而不必存在了。混沌管理在某種程度上是提倡彈性工作時間的。

模糊工資制

企業內部實行什麼樣的工資制，反映企業的管理風格。明確的等級性工資，是不少大企業所採用的分配制度。但工資制度是比較複雜的，什麼樣的工資制度能起到較好的激勵作用，是激勵理論的重大研究課題。

實際採取的工資制度都是明確與模糊相結合的。明確部分是相對於職位、工作、職齡等而言的，有的還考慮員工的學歷、學位。顯然這部分並沒有確定的激勵作用。但是按照保健理論，這種明確的工資制有保健作用，是維持企業穩定的基本方面。這部分與企業的考察及升遷制度相結合，維持企業內部的管理結構。工資的差別體現了企業對員工業績、地位的肯定，具有維護管理職位的權威、保證員工的基本利益和溫和激勵員工努力的多重作用。另外一部分針對工作態度和業績可以採取模糊形式，也可以不採取這種形式，兩種形式各有千秋。模糊形式更多地表現企業主管對個人的關注，可以有效樹立主管個人的形象，也可以防止員工之間的相互攀比。明確形式則具有更明確的激勵作用，是將企業對個人行爲的關注令所有員工知曉，從而誘導員工爲企業努力工作。如果企業對自己的管理水準確有信心，而且獎罰分明，那麼，明確形式顯然是更合適的。

在大陸國有企業的改革中，有部分企業採取了完全模糊的工資制，每月發給員工的工資各有不同，相互保密，並且不准議論工資數目。這種方法，在短期內可以擴大廠長經理的權威，防止員工之間因報酬問題而相互爭吵，減少內耗。但從長遠看，這類工資形式是不合適的。發給員工的工資不可能有大幅度的起伏，即使是小幅度的波動，如果員工對此莫名其妙，則正激勵或負激勵都不能爲員工接受。長此以往，員工與企業的對立情緒就會滋長。而員工之間的收入保密，事實上也不可能持久。此外，這種方式在操作上也顯得相當複雜，極易引起錯誤和混亂。因此，模糊工資制恰恰違背了混沌管理的基本精神。

混沌管理並不一般地贊同模糊而反對清晰。相反的，混沌管理要求重新考慮曾爲西方科學管理所有意忽略的混沌因素，把清晰因素、清晰方法與模糊因素、模糊方法結合起來，形成一種適度清晰的新管理思想和管理方法。

管理混沌：混沌管理的另一個對立面

事實上，混沌管理非常容易混同於另外一些明顯受人鄙棄的情況，尤其是管理混亂或管理混沌。由於管理不善而造成的混亂是管理系統經常出現的情況。在現實的企業管理中，管理目標、管理方法、管理制度等都可能造成或出現混亂。有人提出過六個方面的混沌，是爲管理訊息混沌、管理思想混沌、管理計畫混沌、管理機制混沌、管理行爲混沌、管理效果混沌。在這裡，混沌就是混亂。根據同一位作者的見解，管理混沌還可以區分爲失誤型混沌、變革型混沌、創造型混沌。其實，創造型混沌與變革型混沌無論從結構變化還是主觀動機來看都是同一的。

積極的混沌管理與管理混沌是不可同日而語的。但是，混沌管理卻又承認管理系統混沌的合理性，在一定程度上容忍混沌現象的存在。因此，兩者又在一定程度上相互關聯起來。但是，管理混沌又的確影響管理的效率，即使是所謂創造型或變革型的混沌，也主要是從「壞事能變成好事」的角度理解。把管理混沌引向混沌管理，是一件相當有意義的工作，也是一件極爲複雜的事。反過來，混沌管理也需要防止走向管理混沌。要如此做，需要對現實狀況下的管理混沌作一分析。

從不同角度考察，對管理混沌會有不同的瞭解，但最主要有下述幾方面：

目標混沌

企業目標在總體上規定了企業的經營方向和任務。然而，企業目標並不總是非常清楚並且總能一以貫之的。這並不是指企業目標會在實踐過程中透過訊息反饋而加以修正。修正目標以適應企業工作的實際情況，對目標的實現反而是非常有利的，體現了管理者對目標的重視和清醒認識。目標混沌的問題體現在別的方面。

目標混沌出自於三個方面：企業所有人對目標的爭議，包括所有權不明確所引起的爭議；企業經濟目標與非經濟目標的矛盾；企業經營者的目標與企業目標的矛盾。

⑴企業所有人對目標的爭議。企業所有人對目標的爭議可能發生在任何所有人非單一自然人的企業中。目標的爭議並不是在任何時候都會導致目標混沌的。一般而言，目標爭議是正常現象。無論對企業的最根本的目標，包括經營的價值觀在內，還是對具體的、階段性的或局部的目標，都可能存在爭議。這類爭議大都以一方服從另一方的意見，或雙方建立某種妥協而終結。但如果雙方對結果的判斷相差太大，妥協難以成立，而只能由一方以股權的少許優勢強行通過決議，那麼這種矛盾很可能會延續下去，並各自以其勢力影響部屬，從而形成企業目標的實際混沌。這種目標混沌勢必導致經營方針和實際經營過程的混亂。一些決策層和管理層分歧意見很大的企業，實際業績往往也是最差的。

如果企業的所有權不明確，目標混沌的發生就是必然的。例如，在所有權發生轉移的情況下，企業形成短期的目標混沌幾乎無可避免。

與企業所有權不明確相關的是企業經營權的不明確。大型企業除非萬不得已，否則並不輕易更換企業最高主管。西方一些大公司，甚至有幾十年不變主管的。只在企業連年虧損以致難以繼續經營下去時，董事會才會通過決議聘任新的企業主管。而這種改聘在企業甚至在整個行業都是一件影響巨大的事件。原因即在於，改聘主管同時也意味著企業目標的重大調整，而這種調整必然伴隨相當一段時期的目標混沌，這種目標混沌對於企業是風險極大的。因此，董事會寧可讓企業堅持既定目標而在一段時期內發生經營虧損，也不願意輕易更換企業主管。大陸國有企業有時面臨的問題是上級主管部門因非經濟原因而反覆撤換企業主管。企業上級主管部門雖非企業所有人，但它是國家所有權的實際執行者。上級主管部門作爲一級行政單位，或在形式上已成爲上級公司而在實際上還無法立即改變其行政職能的單位，下屬企業的經濟目標不是其唯一的考慮對象，有時甚至不是主要的考慮對象。在這種情況下，企業目標的混沌有可能嚴重干擾企業的經營行爲。

(2)企業自身的經濟目標與其他目標的矛盾。企業是營利性的經濟單位，但企業的目標則不單是經濟方面的，還有社會的甚至政治的目標。經營良好的企業通常是把企業的經濟目標與社會目標完美結合的。事實上，許多成功企業就是把利潤看作是對社會服務的報酬。在這類企業目標中，經濟目標巧妙地隱藏在社會目標之後，兩者相當完美地結合起來了。

但是，大量企業不能很好協調經濟目標與社會目標，因而陷入混沌之中。例如，環境污染嚴重的造紙企業、盜版 VCD 的生產企業等等，因過度地追求利潤目標而誤置了社會目標，從而形成與公衆或法律的嚴重矛盾和對抗。

(3)企業經營者的目標與企業目標的矛盾。企業經營者的個人目標與企業目標的矛盾是需要特別加以解決的。

西方現代企業，透過企業制度、經營者與企業經營好壞的直接關係、市場機制等來引導企業管理者的個人目標與企業目標相一致。應當說，至少對於大企業而言，這種方法是相當有效的。儘管企業經營的效果可能與企業目標未必一致，但企業經營者的個人目標並不與企業目標相抵觸。然而，並非所有企業都能妥善解決這類矛盾的。僱佣了不合適的企業經營者而導致企業破產的事也是常見的，尤其是中小企業。

大陸有一部分國有企業的經營者的個人目標與企業目標也存在不一致的情況。由於企業走向市場經濟，企業主管的使命和知識結構都發生了極大的變化。與此同時，企業經營自主權的擴大也使企業主管的經濟權力越來越大，一些企業主管抵擋不住權力與金錢的侵蝕，在個人目標方面與企業目標產生了很大的偏離。這類例子不少，「窮廟富和尙」就是一個典型例子。

企業經營者的管理目標與企業所有者的目標產生矛盾也是重要的類型。

制度經濟學對企業所有者、經營者和企業員工的不同需要作過分析，基礎是「經濟人」的人性假定。股份制企業在這方面可以解決得比較好。拿利潤分配來說，企業所有者即股東希望分得儘可能多的紅利，企業員工希望得到儘可能多的工資，而聘請的經營者則需要考慮企業的發展，因而能在一定程度上協調利潤分配，其他方面的問題也類似。

目前大陸的國有企業在體現政策意圖上的工作太多，這對於企業經營者來說，也容易產生與所有者代表（企業的上級主管）的目標矛盾。同時，企業的管理層級太多，所有者的目標也容易在傳遞過程中異化，產生虛假目標。虛假目標不僅很可能與企業經營者的經營目標相悖，也與企業所有者的目標相悖，形成代表第三者利益的目標、政策和控制行爲。顯然，這種目標的互相背離所造成的目標混沌是嚴重損害企業利益的，是管理混沌中應該值得重視的問題。

制度混沌

制度混沌是直接從制度方面考慮的混沌來源。企業的管理制度是多方面的，從簡單的作息時間規定到勞動紀律、分工與銜接、職責權限等，包括對人事、物資、資金等的具體的管理規定，甚至產權制度也可包括在內。在這些方面陷入混亂的狀態就是制度混沌。職責不明、權限不清、「踢皮球」、人浮於事、出工不出力，甚至貪污盜竊、挪用資金等等都是制度混沌的表現。制度混沌實際上就其本身而言比較容易解決，但由於其牽涉到一些深層次的問題，解決起來往往會遇到障礙。

大陸改革開放多年，在企業內部要解決的就是一個制度混沌。然而直到中共中央提出「產權明晰，權責分明，政企分開，管理科學」的十六字方針為止，國有企業的制度混沌問題並未根本解決。這種制度混沌其實有許多深層次的原因，並非企業自身可以完全解決的。中央的「十六字方針」所提到的內容，正是想從根本上尋找這些原因並解決之。但這些問題的解決又談何容易。冗員過多，吃大鍋飯，常常是造成制度混沌的重要原因。這些問題由於國有企業在政治穩定性上的重要作用而解決起來相當困難。當然，近年來在這方面的改革進度有所加快，許多企業已經在著手解決制度混沌問題。

對於一般企業，制度混沌主要產生於新建企業尚未完成時，這種短期的制度混沌可以隨著各種制度的建立健全而逐漸消除，有經驗的企業主管能夠相當果斷地建立起合適的企業制度。但制度混沌不一定表現為制度的不完善或相互矛盾，許多企業的制度混沌是由於執行制度和紀律不力。顯然，制度混沌正是混沌管理所要消除的。

關係混沌

在傳統的混沌管理中，人際關係以「和」為主，同時強調傳統的倫理道德。這種等級關係明確，但又強調人與人的和諧關係的管理方式，在歷史上對社會穩定有很大作用。但是，在現代管理中，「和」的消極方面與其他因素結合，則是導致大陸許多企業關係混沌的原因。

關係混沌產生的最重要的問題是對管理關係的破壞。有效的企業組織應當是權責分明的，不同崗位有其各自的權限和責任，每一層級的員工都明確自己的工作要求或管理權限，並且準確執行相應的管理命令和工作計畫。混沌管理強調人際關係與企業的經濟活動相結合，強調嚴格管理與人際和諧相結合，實際上是要求把企業變成一個具有統一目標、各部分相互關聯、協調生長的生命體。關係混沌則破壞了這種企業的組織關係，而以非正式組織的關係取而代之。在關係混沌的企業中，與企業目標對立的人情關係控制了企業的各項活動，使得企業的正常聯繫中斷，正常的經營活動難以合理地展開。打一個比喻，一個全面協調的企業就像一個健康、強壯的人體，而關係混沌則像是人體上的癌細胞，在其本身的生長發展中，逐漸破壞健康的機體。

大陸企業存在的關係混沌，可說是社會上的關係混沌的反映。家屬、親戚、同學、同鄉、同姓、朋友、老上級、老戰友等等關係，都可以在不同程度上影響企業的決策和經營行爲。中國獨特的「關係學」早已成爲貶義詞，以致當西方的「公共關係學」傳入中國時，學者們不得不反覆說明兩者之間的巨大差異。

關係混沌的要害並非這些關係的存在，而是這些關係改變了企業內部和企業與外部環境的正常聯繫，把本應由那些正常聯繫所決定的事變成了由非正常關係來決定。由此而造成的後果是企業正常的經營活動變異或中斷，正常的控制系統被破壞，適化的內部組織劣化、變質，並直接表現爲企業財產流失，虧損嚴重。

產權的明確在一定程度上可以減輕關係混沌的消極影響，但作用是有限的，有不少私人企業實際上面臨著同樣的關係混沌，甚至因此而破產。以制度的完善來解決企業內部的關係混沌看來是比較有效的，但由此導致了不少企業主管或企業主與員工的尖銳對立。澄清、理順企業的人際關係，而不是單純追求其密切程度，對於企業而言是非常重要的，同時也是極其複雜的，是一種眞正的管理藝術。孔子的「君子和而不同」（《論語・子路》），強調相互之間的和諧、和睦，但又反對無原則贊同、趨同，甚至同流合污，這可以看作是對企業人際關係的一種要求，一種評判標準。

8 混沌管理與社會發展

當今世界，發展是社會的主題。自從市場經濟與科學技術組成循環加速體系以來，世界的變化已經越來越快，而且這種速度還在加快。按照科學社會學的研究，科學技術的發展速度是一條指數曲線。另一方面，經濟發展的指數曲線是早已獲得公認的。人類社會的發展不可能不包括經濟的增長和科學技術的發展。但對發展應當如何理解，在迅速發展的過程中是否還要保持更多的警惕，並且對發展的副產品如何作出合理的處理？這些將是引人矚目的問題。在此過程中，混沌管理是否能夠起到某種重要作用呢？

在今天，對中、西兩種文化結合的陳述幾乎已經成了一種陳腔濫調。然而兩種文化之間的裂痕依然很深。中國和西方的傳統文化及其管理哲學都有各自的長處和弱點，這是經驗已經證明了的，而理論的推斷似乎對此更爲堅定。除此之外，要消除某種傳統也是不可能的。但是，把兩種文化和兩種管理哲學結合起來的可能性與前景如何呢？這卻是值得充分關注的問題，事實上也是必然要在人類的發展中解決的問題。混沌管理在處理當代社會發展的問題上，可以給中、西文化的結合提供一種方案。

◎對發展的反思

科學技術的發展與經濟的發展具有非常直接的關係，但在人類社會的其他領域，類似的關係表現得並不怎麼突出。經濟發達國家的社會秩序、民主、人權、貧富差別等等，並未隨著經濟的發展而近乎同步地發展，文化、哲學、價值觀、社會道德等更顯示出與近現代社會的發展不協調甚至直接背離的情況。除此之外，自然環境、自然資源等人類社會經濟發展的大背景則直接發出了嚴重惡化的警報。對於發展中國家而言，除了經濟尚不發達之外，也存在著類似非常嚴重的問題。從整個世界來看，幾個世紀以來，西方國家在經濟上的發達在很大程度上依賴於對殖民地的資源掠奪。即使在目前，西方國家的經濟也繼續依賴於從原殖民地國家取得資源，由此而造成了發展中國家普遍的經濟落後，對全球社會的發展顯然是不利因素。

六十年代以來，由於一般系統論所宣傳的系統思想日益深入人心，經濟發展的系統條件也越來越引起人們的注意。經濟系統只是人類社會這個巨大系統中的一個子系統，這個子系統有必要與整個人類社會的大系統充分協調，更何況是某一個或某幾個國家的經濟發展。注意到世界經濟的系統聯繫，也與這一時期普遍的對抗所造成之經濟不穩定相關。

也許只有眞實的危機，如能源危機這樣全球性的問題，才會眞正引起人們的警覺。事實上，從一九七三年石油危機以來，人們已經更多地接觸到了像「成長的極限」這一類問題。羅馬俱樂部發表於一九七二年的報告「成長的極限」，使用有效的數據和大家所能理解的簡單邏輯，對工業社會的自滿進行了一次直接的攻擊。不顧一切地追求經濟成長，會使社會從自然界和人類兩個方面達到極限，從而引起災難性的衝擊。這份報告在當時被人們譴責爲異端邪說，並招來了大量的批評和抗議。嚴肅的預測通常只能成爲一種危機預警。發展已達到極限的觀點也許並不正確，但這種極限觀所提出的問題卻是發人深省的。

從哲學角度考察，事物隨著其自然發展總會走向自身的終點，除了永恆的宇宙以外。但這種命題式的預言並不合於人類發展的本性。即使這種預言是正確的，它的實現與佛教預言世界末日的實現也相差無幾。佛教預言，當聖廟中寶石針上的六十四片金葉子按照某些規則被逐片移出，並依照原有的上下次序安放到另一個寶石針上時，世界末日就降臨了。粗略地估算，佛教的世界末日約在萬億年之後，人類有足夠的時間來安排自身的生活。

然而，人們在實際生活中發現，過快的經濟成長所產生的問題將使人們處於極爲被動的境地。成長是一種製造非均衡的過程。普利高津把遠離均衡看作是有序之源。然而他並沒有指出在從非均衡到達有序的中間過程存在著多麼巨大的風險。新的有序狀態將取決於在非均衡中的偶然性、隨機性。不僅如此，這種自組織過程同時意味著殘酷的競爭和毀滅性的災難。普利高津實際上是從外部考察自組織現象，然而人類社會的自組織過程卻是人類自身的參考過程。人類歷史上的悲劇和災難並不少見，人類有必要理性地參與人類社會的自組織過程，而不能容許讓自己成爲新的一輪隨機創造過程的犧牲品。

對經濟成長與發展的關係的討論，事實上已經改變了原來發展的涵義。新的發展觀認爲，盲目的和單純的經濟成長並不是發展。發展不是間斷的跳躍，而是可持續的過程。人類能否承受跳躍式發展的巨大破壞力是這種可持續發展的幕後者。發展的核心是人的發展，而人的發展的外部環境和外部表現至少在兩個方面是需要重新考慮的。第一是關於發展所需要的資源問題和自然環境問題。資源問題也是一種自然環境問題。嚴格來說，自然環境問題較之資源問題的涵蓋面要大得多。自然環境所涉及的包括人類生存的生態系統，資源只是人類的消耗品，是人類生態系統中的一個因素。工業的無休止的自然擴張，導致了對資源的破壞性消耗，同時也造成了對環境的巨大破壞。這種破壞並不僅限於在動物保護主義的關於動物物種瀕於滅亡的警告中所體現的。事實上，人類生產和製造的幾乎無所不包的人工環境正在改變人類的生物適應性，正在改造著人類。

另一個方面是社會文化問題。這是一個至少牽涉到價值觀、傳統和民族感情的複雜問題。不存在可以嚴格量化的範疇，更不能接受任何絕對主義的解釋。不同的民族、宗教和文化傳統之間存在著分歧，這個分歧無法用某種特定的觀念來統一，無論是西方資本主義的主流思想或是任何其他別的思想。與此同時，這種不統一又是這個世界得以豐富多彩的基本因素，是世界能在一定的相互競爭中發展的積極的動因。但是，任何一種文化傳統都存在著大量的只適合於過去時代的僵死的東西，以及從一開始就是進化過程中的錯誤，只是作爲進步的對立面而存在的東西。試圖改變這些東西將面臨更大的風險和可能遭受更大的挫折。一個民族、一種文化傳統要徹底地批判自己幾乎是不可能的，而且也無這個必要。任何文化都可能是一種極有價值的遺產，是一種歷史資源。然而這也牽涉到對發展的認識，向任何方向發展都面臨著某種社會文化的阻力。

也許科學技術能解決社會文化的統一發展問題。至少，新的訊息傳遞方式已經連結起了人類世界一個相當重要的部分（可惜並不包括最窮困和相當窮困的那部分人口）。「科學無國界」，這個被公認的原則給予科學技術以特殊的地位。不過，這種特殊地位並不是人們有意賦予的。科學技術的成果透過經濟的增長正在滲透入各種有國家、民族、文化傳統和意識形態背景的人群中。科學技術在物質進化背後潛藏的價值觀念很可能是最終影響所有這些人群的根本因素。

但是，科學本身並不能解決一切問題。從現代科學哲學的研究中，人們已經發現，不僅科學的成果存在著濫用的可能，而且科學的方法本身是有缺陷的，在邏輯上存在著問題。一個最簡單的模擬科學發現的例子是：當人們觀察到許多天鵝是白色的時候，按照科學方法可以得到一個推論，所有的天鵝都是白色的。但這個命題實際上是不正確的。從人類的現實生活來理解，這不能算是科學的缺陷，因爲任何實踐都是不完備的，這與數學上著名的哥德爾定理在本質上是一致的。

至少，新的發展觀在人與自然關係方面已經取得了相當一致的意見。人類不能無休止地向自然索取，甚至毫不顧及自然本身的恢復和再生。聯合國世界環境與發展委員會於一九八七年七月向聯合國提交的報告「我們共同的未來」提出了關於可持續發展的新概念：「可持續發展是既滿足當代人的需求，又不對後代人滿足其需求的能力構成危害的發展。」此後，新的研究還在繼續，尤其對於人本身的發展有了更進一步的要求，如人文發展指數的提出。科學文化與人文文化的結盟或許會提供最佳的方案。

發展與穩定：對東西方管理文化的一種理解

近年來，不同文化之間的比較研究成爲學術界的一大熱門，管理學也不例外。美國和日本之間的管理觀念、方法和實踐的比較，已產生了像《Z理論》那樣頗有影響的著作。毋庸置疑，這對於世界各國之間相互交流、取長補短、尋求共同發展之路是大有裨益的。在改革開放中，大陸向國外學習了大量現代管理理論和方法，而與此同時，西方卻又形成了向東方文化學習的熱潮。不僅如此，大陸自己也在弘揚優秀傳統文化的口號下，向傳統文化汲取精華。

綿延數千年的中國歷史，留下了極其豐富的歷史文化遺產。中國歷史上的管理思想和實踐，包括長期統治著思想文化領域的儒家思想和被吸收在統治思想和實踐中的其他思想，更對大陸的現代管理產生了極其深刻的影響。大陸現代管理是在傳統文化的土壤上成長起來的，這是不可否認的事實。如果忽視這一情況，僅僅去學習西方管理的先進技術，而不注意西方管理技術與中國文化的相容性，那麼，學習的結果很可能是失敗的，先進的技術也會變性爲落後和腐朽。

中國和西方在管理上的差別，不僅是管理技術上的問題，而且更多地是管理哲學或管理價值觀與方法論上的問題。在這個問題上如不能討論得更深入一點，中、西管理的相互取長補短會遇到更多的麻煩。

許多研究可以說已經接觸到甚至很深刻地切入了這個問題。馬克思·韋伯無疑是最有影響，同時也是相當準確地理解這一問題的西方學術界的主要代表。他在一九一六年發表的〈儒教與道教〉中認為儒家倫理阻礙了中國資本主義的發展。包含這篇文章在內的馬克思・韋伯的《世界宗教的經濟倫理》，現已成為社會學的經典。他的研究基本上是一種社會學的研究。他的所謂「宗教」是廣義的，實際上相當於一種民族的思想文化。近年來，由於東亞部分國家和地區在經濟上的迅速發展，韋伯的觀點受到了強烈的挑戰。這些國家或地區都受到中華文化的強烈影響，或者根本就是中華文化的一部分，屬於中華文化圈或「文化中國的第一個意義世界」（參看杜維明的〈關於文化中國〉，《現代與傳統》一九九六年第七輯）。不少人認為，儒家文化或儒家倫理是促進這些國家和地區發展的根本因素。

應當說，這些建立在對文化倫理因素上的考察，對於進一步瞭解管理問題是極有幫助的。但是，這些研究並不是對中國傳統管理哲學的管理價值觀和管理方法論的深入研究。中、西管理的差別，首先應當從這兩個方面去進行研究。

所謂價值觀，是指對事物的不同的價值取向和價值判斷。而所謂管理價值觀，則是指對管理價值的不同估計，主要是對管理目的的認識，同時內在地包含了對管理方法的基本取向的認識。管理價值觀與一般的價值觀是既有聯繫又有區別的。管理價值觀實際上是建立在組織和組織活動的基礎上的價值觀，同時也是對協調組織和組織活動的管理的基本看法。中、西管理價值觀的最大區別在於，從西方近代資本主義產生以來，西方管理的基本價值觀是以發展爲主題的，是關於發展和要求發展的價值觀，而中國傳統的管理價值觀則是以穩定爲基調的，是關於穩定和要求穩定的價值觀。

把發展作爲管理價值觀，也就是把發展看作是管理所要達到的根本目的。因此，當發展本身的涵義開始改變時，管理價值觀的實質性改變是如此巨大，以至於會引向歧途。這正是人們在近年來力圖探索「發展」這一關鍵概念的內涵的原因。由於管理價值觀內在地包含了方法論的取向，因此當發展的涵義改變時，管理方法論也會相應地改變自己。近年來，在世界性的經濟發展問題上，已經形成了諸如「可持續性發展」這樣建立在生態倫理觀基礎上的新發展觀。這是人類試圖重新認識自己，世界各國人民形成相互協調、共同發展關係的新的一步。

但是，發展並不是所有民族共同的管理價值觀，至少並不是傳統的管理價值觀。事實上，西方的發展的管理價值觀也是隨著西方資本主義的出現而形成的。而在中國，在長達兩千多年的封建社會中，發展並不是主題，穩定才是傳統管理思想的基調。在中國，宏觀管理即是「治國平天下」，微觀管理則是「齊家」，而無論是「治」是「平」還是「齊」，都帶有非常明顯的要求穩定的涵義。在傳統管理實踐上，穩定也是壓倒一切的。事實上，中國占據統治地位的傳統思想很少提倡過社會、經濟的發展，也很少提倡過人的發展。在中國歷史上，唯一可與發展相關的大概就是戰國時期的統一戰爭，其結果造成了漢文化區域的政治和文化的統一。而力促這種統一的法家，在「統一」之後卻從思想舞台上退隱了。

另一方面，發展的管理價值觀又要求有發展的方法和方法論。方法、方法論與價值觀是有很高的關聯度的，同時也是相互依存的。發展要有合適的方法，要有對這種方法的合適的認識和取向。西方社會的發展得益於科學。科學除了它的物質成就和知識外，其主體就是它的方法和方法論了。科學的方法和方法論是使科學得到發展的最重要方面。科學的方法和方法論又在很大程度上影響了西方人的思維方式。與此類似，中國傳統的穩定的管理價值觀也是與管理方法和方法論相應的，並且同樣影響著人的思維方式。

由此看來，或者說沿著這樣一個思路進行研究，也許可以對中、西管理在觀念、哲學、價值觀、方法論上面的差別有更深刻的理解。把理論與實踐結合起來，顯然是一種正確的研究態度。與中國傳統思想文化相關的中國傳統社會延續了兩千年，其基本結構和內容應當說是相當穩定的，實際變化很小，甚至傳統思想文化本身也是穩定的。從「獨尊儒術」以來，不能說儒家的思想毫無新的東西，也有人曾想在儒家思想的框架內加入某些革新的東西，但總的看來是不成功的，而作爲傳統文化支柱的如禮儀、忠孝觀念、倫常關係等，卻極少改變，有的甚至變得更加固化。相反的，西方近現代社會形成僅僅幾百年，但在這幾百年中，即使置許多可能引起爭議的事情於不顧，至少在物質上和人的行爲方式上，產生了而且還在不斷產生新的巨大變化。這種變化甚至使人想到了與生物進化相對應的文化進化，即人已經不能靠自己身體上的緩慢進化來適應環境的變化，而只能依靠文化（包括科學技術）的進化。這種變化不能不使我們聯想到發展。儘管對於發展本身還可能有不同的理解，但對於管理這一層次而言，這已經就是發展。對發展的意義的更深層次研究是更抽象的後設哲學思考的問題，而不是管理哲學研究的問題。

如果這種理解是正確的，那麼我們就能比較順利地解決中、西兩種管理哲學、兩種管理文化甚至兩種文化傳統之間的矛盾，解決在何種程度、哪些方面兩種管理傳統可以相互取長補短的問題，解決西方管理技術在進入我國之後發生變異的問題。

在人類的生存實踐中，發展和穩定並不一定是必須相互敵對、非此即彼的對立排斥的關係。發展和穩定是有矛盾的，但並非完全不相容。在人類的未來生存中，在國家間的未來關係中，在企業的經營活動中，都有對發展和穩定的共同的需要，都需要對發展和穩定的管理目的作出一定的協調。當前世界上出現的一股試圖融合東、西方文化的潮流，除了由於交通、通訊的發展而導致的東、西方國家交流速度的加快及各民族之間的差異日益縮小這種世界發展的總趨勢外，在很大程度上也是出於對發展和穩定關係的理性思考和重新定位。在這種情況下，考察中、西管理哲學在發展和穩定這兩個不同主題之間的差異和聯繫是非常有意義的。

混沌管理與發展問題

中華民族有著燦爛的古代文化，有著相當大的凝聚力和極廣泛的影響。作爲傳統文化的一個組成部分，中國傳統的管理哲學，也隨著近年來深受中華文化影響的東亞地區的經濟起飛而被人們不斷發掘。美國的華人學者成中英在他的《文化倫理與管理——中國現代化的哲學省思》一書中提出：「從現代的眼光看，傳統只是一種資料、一種資源，我稱之爲『歷史資源』，凡是發生過的事情，都是人的行爲的一種參考資料。」把傳統文化當作一種「歷史資源」，這個提法頗有經濟學的味道。這一觀點與筆者的想法比較一致。資源只是原始的開發對象，是需要開發、需要提煉、需要改造的。這樣，傳統文化本身就不再有什麼價值取向，而只是因爲其在歷史上曾經存在而向現代人提供了可供提煉的資料。至於資源利用方式則因資源而異。傳統文化的內容再豐富、再精妙，也總是歷史的產物。對於現代人而言，需要珍惜這一份寶貴的資源，但絕不可以把資源當作產品。傳統文化是歷史累積的結果，其中至少有一部分是只適合於某個特定的歷史階段的，有的甚至完全不適合於任何時代，而只是發展過程中的一種錯誤。

混沌管理以其組織人本主義和對事物的模糊的處理方法而顯出了它的特點。特點未必就是優點，但有其值得開發的地方。

經濟成長與穩定

在現代社會，對發展問題的反思非常容易導向否定成長。對人工環境的反感，對技術統治的恐懼，對貧富差距擴大的焦慮，對社會對抗的擔心等等，都很容易導致人們否定過去若干年的成就，否定工業化進程，美化人類過去的生存方式。西方的文化批判在一定程度上反映了這種傾向。然而如果要理性地對待人類的發展，就不能排除經濟的成長，但是成長的方式需要改進。儘管如此，經濟的過度成長仍是使人們普遍擔心的問題。對於過度成長的擔心並不僅限於經濟領域，在科學技術等發展領域，也都產生了同樣的疑慮。科學技術的迅速發展，在本世紀以來不斷改變著世界的面貌，其中尤以訊息技術、生物技術的發展格外引人矚目。計算機和網際網路使得全世界的相互聯繫從未像現在那樣密切，因此，重大事件的影響將會迅速涉及全人類。當前的生物技術甚至已能根據基因來複製新的個體，即所謂「克隆」技術。人們已對「克隆」人的社會倫理問題及「克隆」技術的其他未能預見的問題表示了極大的擔心。

隨著經濟的發展，社會問題看起來也變得更加嚴重，尤其是一些在近期才出現經濟高速成長的國家中。這些國家的社會問題主要由三部分構成。第一部分問題在傳統結構下是被掩蓋著的，隨著社會的日益開放而顯露出來了。傳統結構不是社會的最佳結構，而且存在著大量問題，這正是需要變革的原因。第二部分是變革過程中的問題。變革是造成社會混沌狀態的原因，甚至變革本身就是混沌。在變革過程中出現的不均衡、突現、競爭、界限的衝破等，無不表現爲問題和孕育著問題，同時也表現爲混沌。第三部分則是由經濟成長引起的。這裡有些可能是經濟發達的社會所不可避免的（這是任何事物都無法避免的兩重性），而大量問題則是可以透過社會管理來控制或減少的。西方社會批判運動所提及的大量社會問題並未解決。總的看來，隨著經濟成長，道德問題、社會治安問題、經濟犯罪問題等都有大規模的上升趨勢。

在經濟的高速成長之後，人們要求穩定，以便對社會過快的發展有一個適應的過程，把經濟發展的動力引向人的發展。這是一個自然趨勢，管理應當注意這一趨勢。

在對東亞國家和地區的經濟發展所作的討論中，華夏文化主要是儒家文化的作用成爲討論的一個焦點。在這個問題上分歧很大。凱恩、伯格等人提出「新儒教文化」或「後儒家倫理」以解釋東亞經濟的發展，不少人贊同這種認識，或從不同角度對儒家文化的作用提出了自己的看法。儒家文化的集體主義、組織和諧、家庭觀念等被理解爲東亞經濟發展的基本因素，對於此類觀點，反對者甚衆。多數人認爲東亞經濟發展主要是引進了市場經濟的結果，儒家文化的某些倫理溫情對此有一定的影響。對於家庭企業，實證研究的結果也表明這是資本主義制度下運作的方式，並不是由於家庭主義或者「家庭生產模式」等文化因素造成的。

儒家文化在新加坡的影響很大，不少論者以新加坡作爲例子來說明儒家文化的作用。有人提出，儒家文化在新加坡經歷了由衰至盛的三個階段：遭受冷落階段（六十、七十年代）、重煥青春階段（八十年代）和被尊爲「國家意識」階段（八十年代末以來），但新加坡的經濟起飛卻開始於儒家文化遭受冷落的時期。隨著經濟的迅速發展，一些消極因素開始出現。在這種情況下，從八十年代起，新加坡領導人提出了要重視儒家的傳統道德觀念的問題，以此來對抗社會上的消極現象，減少其發生。新加坡總理吳作棟在一九八八年甚至提出「儒家基本價值觀應昇華爲國家意識」（參看陳岳、陳翠華的《李光耀》，時事出版社，一九九〇年版）。顯然，儒家文化在新加坡的重新興起，在很大程度上是新加坡領導人的一種戰略的或策略的考慮。值得注意的是，這種戰略、策略的提出，很明顯地是對中國傳統管理文化尤其是儒家思想所具有的穩定功能的理解和承認。

混沌管理的管理價值觀是以穩定爲基礎的，混沌管理的方法論也以穩定爲目標。就穩定而言，中國傳統管理的這一特點完全可以發揮自己的作用。發展是一種全人類的行爲，是整體的、系統的過程，這一過程包含對全人類的生存態勢的調整。從大多數人的心理特點來看，要求安寧、穩定是一種基本的傾向。馬斯洛的關於需求的理論中就包括安全需求。過於迅速的發展已經使人們普遍地產生了危機感、不安全感，穩定的需要將被更多地提上議事日程。新加坡領導人對儒學的提倡實際上正是這種普遍的危機感在政治上的表現。

科學技術進步與混沌管理

就發展而言，現代社會發展包括科學技術的迅速發展和這種發展所帶來的社會文化，其中最主要的是訊息聯繫方式的變化。

科學技術的發展帶來了觀念方面的變化。科學在許多學科中已經發展了自己的混沌研究，這導致了科學觀念的重大改變。事實上，科學已經從簡單的決定論思維向複雜性思維發展。科學思想發展的這種趨勢可以稱爲「從確定性到不確定性」。這種變化的根本點在於，科學終於從自己的發展中瞭解到了世界的複雜性，完全決定論的描述在牛頓力學中甚至也限於稀如鳳毛麟角的特例。科學思想的這一發展把混沌作爲科學的對象和對世界認識的方式引入了繼續以科學作爲自己思想方法基礎的西方社會。這一點將會成爲許多研究者的熱門課題。不確定性或更準確的說是不完全確定性的引入，使科學思想和科學方法在某種意義上說也朝著混沌邁進了一步。雖然關於確定性和不確定性的爭論仍在繼續，而且在意識深處，科學方法的那些簡單化、理想化、模型化的原則也仍然起著相當大的影響，但這種變化已經出現，並且會更深地影響科學研究過程和逐步影響人的思維方式。

科學技術的物質與技術方面的成就對社會的影響可以更直接，更明顯。這種影響在主要點上是由於訊息技術的極其迅猛的發展。科學技術進步所造成的社會變化具有雙向的特點，而這兩個方向均爲作爲資源的混沌管理提供了新的機會。一方面，訊息技術的發展在更廣泛的層面上把世界連結起來，無論在經濟活動的哪一個方面，活動的整體性的後果從未像今天那樣昭著。另一方面，經濟活動的更爲分散化的過程成爲可能（只要考慮一下在家裡就能從事股票交易的情況）。分散化被未來學家描述爲一種基本的發展趨勢，在經濟和政治領域都是如此。

混沌管理來源於整體論哲學，同時也是一種整體性的管理，但是分散化趨勢也需要混沌管理。按照未來學家奈斯比的看法，早在一九五六年和一九五七年，美國就已經進入了訊息社會。從那時起，訊息技術的發展變得更加迅速，計算機和網際網路正在相當徹底地改變著人們的生產和生活方式。一個值得注意的方面是企業規模的變化。奈斯比預言了未來企業向小規模發展的可能性，托夫勒注意到了大企業的分權現象，顯然這涉及到整個管理思想的變化。托夫勒特別強調了企業的非標準化，而標準化或稱規範化是現代管理的重要特徵。標準化以及專業化使大型企業的效益隨規模的擴大而大幅度成長。然而，隨著社會訊息化的發展，小型企業甚至家庭型企業已經有了遠比過去大得多的生存潛力。雖然大型企業和超大型企業可能永遠有其存在的充分理由，但這些企業的大多數部門都可能成爲一種更加獨立的利益中心。規範化的工作和工作時間也會由更有創造性的工作和更有彈性的工作時間來代替。

未來學家的看法未必都是正確的，但上述趨勢卻已經有了更爲現實的表現。在這種情況下，適應分散性生產管理的混沌管理會表現出越來越大的活力。不過分地干涉具體的生產過程，允許在更大的範圍內分散進行各個單元的經濟活動，更多地以道德約束而不是以規章制度約束等等混沌管理的重要方法，完全有可能更容易爲人們所接受。當然，這會牽涉到混沌管理及其組織人本主義在內涵上或本質上的某些變化，包括減弱組織的壓倒一切的重要性以及更多地注意到個人的需要和個人的發展。混沌管理不應當成爲一種傳統的負擔，而應當能提煉出現代社會所需要的精神財富和文化資源。

除此之外，社會發展的具有跳躍特性的過程把變化本身以及與變化相關的隨機性、偶然性、非均衡、非線性、不穩定性等帶進了人們的視野。社會、經濟、文化的變化遠比自然界具有更多的創造性和不確定性，至少從表面上看是如此。正因爲如此，當人們更深入地研究社會、經濟、文化的變化，尋求一種一體化、不斷持續的發展時，混沌的價值和混沌管理的價值就會被更多地發現。

結束語

中國傳統文化是生活在自己土地上的中國人不可改變的背景和基礎，正如同每個中國人都在說著中國話一樣。傳統是不可能被隔絕的。在這個意義上說，民族文化的「虛無主義」是不可能有任何實際價值的。但是，文化又是可以相互影響的。尤其當產生某種文化的經濟基礎被改造之後，相互接近的經濟基礎勢必形成文化的交融。對傳統文化保持一種平和的心態，既不盲目弘揚，也不盲目貶抑，而僅將其作爲一種資源，從中開發出與現實世界相適應的成果來，這也許是對待傳統文化最合理的態度。

與此類似，對科學文化的盲目頌揚和排斥也是絕不可取的。科學文化的眞正價值不全在純粹物質方面。給世界帶來如此巨大變化的科學技術，值得作更多的研究，以便將其成果以最合適的方式運用到現實世界中，同時研究它對人類世界觀和人類理想的影響。科學文化與人文文化的結合，傳統文化與現代文化的結合，可能是解決我們這個時代問題的癥結。

本書雖然命名爲《混沌管理》，但主要是從中國傳統管理哲學及其與現代西方管理思想比較的角度去討論這一問題的，而且更多地注重了傳統文化問題。這種研究方式有很多優點，但顯然也會存在一些問題，會有許多方面未涉及。應當承認，就本書內容而言，我是有意將研究範圍努力縮小的。「混沌管理」這一概念的涵蓋力很強，倘若儘量展開，這一研究不是短短兩、三年間可以完成的。在這個意義上說，本書與其說是研究的結果，不如說是研究的開始。但是，認眞思考起來，又有哪一項研究可以自稱已經完成了呢？世界是如此之大，發展是如此之快，人類文明的累積又是如此之多、如此之豐厚，任何一項研究都可能只是在人類進化這條永恆的河流中匆匆忙忙地舀起了一瓢水。唯一的希望是，我所舀起的這瓢水並不完全是泥漿，多少可以給人一點滋潤、一點清涼。

參考文獻

中文部分

一、亨利・艾伯斯：《現代管理原理》，商務印書館，一九八〇年版。
二、艾根：《超循環理論》，上海譯文出版社，一九九〇年版。
三、愛因斯坦：《愛因斯坦文集》第一卷，商務印書館，一九七六年版。
四、L・貝塔蘭菲：《一般系統論——基礎、發展、應用》，社會科學文獻出版社，一九八七年版。
五、丹尼爾・貝爾《後工業社會的來臨》，商務印書館，一九八四年版。
六、陳岳、陳翠華：《李光耀》，時事出版社，一九九〇年版。
七、成中英：《文化・倫理與管理——中國現代化的哲學省思》，貴州人民出版社，一九九一年版。

八、威廉・大內：《Z理論》，黃明堅譯，台灣長河出版社，一九八五年版。
九、彼得・德魯克：《創業精神與創新——變革時代的管理原則與實踐》，柯政譯，安仙校，工人出版社，一九八九年版。
十、鄧聚龍：〈社會經濟灰色系統的理論與方法〉，《中國社會科學》，一九八四年第六期。
十一、鄧小平：《鄧小平文選》第三卷，人民出版社，一九九三年版。
十二、杜石然等：《中國科學技術史稿》上册，科學出版社，一九八五年版。
十三、杜維明：《新加坡的挑戰》，三聯出版社，一九八九年版。
十四、杜維明：〈關於文化中國〉，《現代與傳統》，一九九六年第七輯。
十五、恩格斯：《自然辯證法》，人民出版社，一九七一年版。
十六、范文瀾：《中國通史簡編》修訂本第一編，人民出版社，一九六四年版。
十七、馮夢龍：《智囊》，中州古籍出版社，一九八六年版。
十八、伏爾泰：《哲學通信》，上海人民出版社，一九六一年版。
十九、弗蘭克：《科學的哲學》，上海人民出版社，一九八五年版。
二十、高亨：《周易大傳今注》，中華書局，一九八四年版。
二一、高亨：《周易古經今注》，中華書局，一九八四年版。

二二、詹姆斯・格萊克：《混沌：開創新世界》張淑譽譯，郝柏林校，上海譯文出版社，一九九〇年版。
二三、郭沫若：《奴隸制時代》，人民出版社，一九七三年版。
二四、H・哈肯：《協同學：理論與應用》，楊炳奕譯，中國科學技術出版社，一九九〇年版。
二五、H・哈肯：《協同學導論》，徐錫申等譯，原子能出版社，一九八四年版。
二六、郝柏林：《一類沒有週期性的序》，轉引自詹姆斯・格萊克的《混沌：開創新科學》，上海譯文出版社，一九九〇年版。
二七、郝柏林：〈自然界的秩序和混亂〉，《百科知識》，一九八四年第一期。
二八、何煉成等：《中國經濟管理思想史》，西北大學出版社，一九八八年版。
二九、何志毅：〈國有企業改革戰略研究〉，一九九六年博士論文。
三十、胡寄窗：《中國經濟思想史》，上海人民出版社，一九六三年版。
三一、胡家聰：《管子新探》，中國社會科學出版社，一九九五年版。
三二、胡如雷：《中國封建社會形態研究》，三聯書店，一九七九年版。
三三、胡適：〈中國古代政治思想史的一個看法〉，載《胡適講演》，中國廣播電視出版社，一九九二年版。

三四、卡西爾：《人論》，上海譯文出版社，一九八五年版。
三五、克里斯托弗·霍金森：《領導哲學》，雲南人民出版社，一九八七年版。
三六、庫恩：《科學革命的結構》，李寶恆、紀樹立譯，上海科學技術出版社，一九八〇年版。
三七、金觀濤、劉青峰：《興盛與危機》，湖南人民出版社，一九八四年版。
三八、雷恩：《管理思想的演變》，中國社會科學出版社，一九八六年版。
三九、杰里米·里夫金、特德·霍華德：《熵：一種新的世界觀》，上海譯文出版社，一九八七年版。
四十、黎紅雷：〈儒家思想的管理詮釋〉，《社會科學戰線》，一九九六年第三期。
四一、李長武：《代近西方管理思想史》，吉林大學出版社，一九九一年版。
四二、李繼宗等：《現代科學技術概論》，復旦大學出版社，一九九四年版。
四三、李錦全：〈現代新儒家思潮的歷史評價〉，《齊齊哈爾師範學院學報》，一九九一年第一期。
四四、李約瑟：《中國古代科學思想史》，陳立夫主譯，江西人民出版社，一九九〇年版。
四五、李贄：《四書評》，上海人民出版社，一九七五年版。

四六、列寧：《列寧全集》，人民出版社，一九五八年版。
四七、林舟：〈台灣家庭企業的文化詮釋〉，《中國社會科學季刊（香港）》，一九九六年春季版，總第十四期。
四八、劉長林：《中國系統思維》，中國社會科學出版社，一九九〇年版。
四九、劉傳祥等：〈可持續發展的基本理論分析〉，《中國人口、資源與環境》，一九九六年第二期。
五十、劉云柏：《中國儒家管理思想》，上海人民出版社，一九九〇年版。
五一、劉澤華：《先秦政治思想史》，南開大學出版社，一九八四年版。
五二、劉志琴：《文化危機與展望（下）》，中國青年出版社，一九八九年版。
五三、魯迅：《熱風》，人民文學出版社，一九七三年版。
五四、馬克思：《政治經濟學批判》，人民出版社，一九七三年版。
五五、馬慶鈺：〈東亞經濟發展：儒家傳統文化的新時代？〉《中國人民大學學報》，一九九六年第二期。
五六、馬斯洛：《動機與人格》，許金聲等譯，華夏出版社，一九八七年版。
五七、毛澤東：《泰澤東書信選集》，人民出版社，一九八三年版。
五八、毛澤東：〈建立鞏固的東北根據地〉，據《毛澤東選集》第四卷，人民出版社，一九六〇年版。
五九、毛澤東：〈我們黨的一些歷史經驗〉，載《毛澤東選集》第五卷，人民出版社，一九七七年版。
六十、梅森：《自然科學史》，上海人民出版社，一九七七年版。
六一、A·L·明克斯：《獨闢蹊徑——具有開創精神的企業家》，中國財政經濟出版社，一九九〇年版。
六二、約翰·奈斯比：《大趨勢——改變我們生活的十個新趨向》，新華出版社，一九八四年版。
六三、奈斯比、阿伯丁：《企業革命》，陳鴻斌、浦韋譯，李倫校，海天出版社，一九八七年版。
六四、南懷瑾：《論語別裁》，復旦大學出版社，一九九〇年版。
六五、南懷瑾：《老子他說》，國際文化出版公司，一九九一年版。
六六、塞耶：《牛頓自然哲學著作選》，上海人民出版社，一九七四年版。
六七、理查德·帕斯卡爾和安東尼·阿索斯：《日本企業管理藝術》，新疆人民出版社，一九八八年版。
六八、佩魯：《新發展觀》，華夏出版社，一九八七年版。

六九、佩西：《未來的一百頁》，中國展望出版社，一九八四年版。
七十、伊・普里戈金、伊・斯唐熱：《從混沌到有序：人與自然的新對話》，上海譯文出版社，一九八七年版。
七一、錢佳燮：《東亞經濟的發展和早期儒家文化》，《社會科學評論》，一九八八年第二期。
七二、錢德勒：《看得見的手》，商務印書館，一九八七年版。
七三、切克蘭德：《系統論的思想與實踐》，華夏出版社，一九九〇年版。
七四、邵漢明：〈現代新儒學評估〉，《中國文化研究》，一九九六年第一期。
七五、盛田昭夫：《日本製造——我所體驗的國際戰略》，朝日新聞社，一九八七年版。
七六、世界環境與發展委員會：《我們共同的未來》，世界知識出版社，一九八九年版。
七七、斯科特：《組織理論：管理的一種行爲主義分析》，轉引自丹尼爾・雷恩的《管理思想的演變》，中國社會科學出版社，一九八六年版。
七八、舒大剛：〈「易」墨「義利觀」略論〉，《周易研究》，一九九六年第二期。
七九、蘇東水總主編：《中國管理通鑒》，浙江人民出版社，一九九六年版。

八十、蘇東水：《管理心理學》，復旦大學出版社，一九九二年版。
八一、蘇東水：〈世紀之交的管理文化變革〉，載《世界管理論壇：一九九七世界管理大會文集》（《世界經濟文匯》一九九七特刊。）
八二、泰勒：《科學管理原理》，中國社會科學出版社，一九八四年版。
八三、阿爾溫．托夫勒：《第三次浪潮》，三聯書店，一九八三年版。
八四、阿爾溫．托夫勒：《企業必須面向未來》陳鴻斌、吳酩譯，海天出版社，一九八七年版。
八五、王家驊：《儒家思想與日本的現代觀》，浙江人民出版社，一九九五年版。
八六、韋伯：《儒家與道教》，商務印書館，一九九五年版。
八七、維納：〈人當作人來使用〉，載《維納著作選》，上海譯文出版社，一九八七年版。
八八、韋政通：《儒家與現代中國》，上海人民出版社，一九九〇年版。
八九、吳家駿、鄭海航：《日本企業透視》，經濟管理出版社，一九九六年版。
九十、吳兢：《貞觀政要》，上海古籍出版社，一九七八年版。
九一、賽蒙：《管理行為》，北京經濟學院出版社，一九八八年版。
九二、葉世昌等：《中國古代經濟管理思想》，復旦大學出版社，一九九〇年版。

九三、尹保雲：〈東亞的資本主義與文化〉，《戰略與管理》，一九九五年第二期。
九四、余長根：《管理的靈魂》，復旦大學出版社，一九九三年版。
九五、袁闖：《管理百典——管子與中國文化》，河南大學出版社，一九九七年版。
九六、湛墾華、沈小峰等：《普利高津與耗散結構理論》，陝西科技出版社，一九八二年版。
九七、張岱年、程宜山：《中國文化與文化論爭》，中國人民大學出版社，一九九〇年版。
九八、張緒通：《道家的管理要旨》，四川大學出版社，一九九一年版。
九九、張燚宇：〈儒家文化在新加坡現代化中的作用〉，《現代國際關係》，一九九六年第三期。
一〇〇、趙佳聰：〈儒家「中」的哲學之當代運用〉，《雲南師範大學哲學社會科學學報》，一九九五年第六期。
一〇一、趙吉惠：〈論儒學前景與二十一世紀人類文化走向〉，《中國文化研究》，一九九六年第一期。
一〇二、趙靖等：《中國經濟思想通史》第一、二卷，北京大學出版社，一九九一、一九九五年版。

一〇三、趙守正：《管子通解》，北京經濟學院出版社，一九八九年版。

一〇四、曾士強：《中國管理哲學》，台灣東大圖書有限公司，一九八三年版。

一〇五、周昌忠：《西方科學方法論史》，上海人民出版社，一九八六年版。

一〇六、周建漳：〈「道德人」：計畫經濟行爲主體的制度假設分析〉，《中國社會科學季刊（香港）》，一九九六年夏季版，總第十五期。

一〇七、周明生等：《中國古代宏觀經濟管理研究》，江蘇科學技術出版社，一九八九年版。

一〇八、朱貽庭等：《中國倫理思想史》，華東師範大學出版社，一九八九年版。

一〇九、《二十二子》，上海古籍出版社，一九八六年版。

一一〇、《十三經注疏》，中華書局，一九八〇年版。

一一一、《國語》，上海古籍出版社，一九七八年版。

英文部分

一、Berger, Peter, " An East Asian Development Model? " Peter Berger and Hsin-Huang.

二、Boulding, K. E, *The Organizational Revolution*, New York, Harper & Row, 1953.

三、Bunge, M., A System Concept of Society: Beyond Individualism and Holism, in General System, *Yearbook of the society* for *General Systems Research,* Vol. 24, 1979.

四、Cyert R. M and J. G. March, *A Behavioral Theory of the Firm,* Prentice-Hall, 1963.

五、Dele, E., *The Great Organizers,* McGraw-Hill, 1960.

六、Dale, E., *Management,* McGraw-Hill, 1965.

七、Drucker, P.F., *The Practice of Management,* Harper, 1954.

八、Drucker, P., *Management,* London, Heinenan, 1974.

九、Farquar, Roderrick Mac, "The Post-Confucian Chanllenge", Economist, *Feb 1980.*

十、Feyerabend, P. K., *Against Method, London: New Left Books,* 1975.

十一、Hao Bai-lin, *Chaos, World Scientific,* 1984.

十二、Hsiao, Michael ed., *In search of an East Asian Development Model,* New Branswich and New Jersey, Transactron Book, 1988.

十三、Kahn, H., *World Economic Development: 1979 and beyond,* New York: Morrow Quill Paperbacks, 1979.

十四、Korman A. K., *Industrial and Oraganizational Psychology*, Prentice-hall, Inc., Englewood Cliffs, N. J., 1971.

十五、Koontz, H., *Toward a Unified Theory of Management,* McGraw-Hill, 1946.

十六、Losee, John, *A History Introduction to the Philosophy of Science*, Oxford University Press, 1980.

十七、Mayo, E., *The Human Problems of an Industrial Civilization*, Macmiilan, 1945.

十八、Mayo, E., *The Social Problems of an Industrial Civilization*, Harvard Univ., Division of research, 1951.

十九、McGregor, D., *The Human side of Enterprise*. New York: McGraw-Hill, 1960.

二十、Perry, Tekla S., *Managed Chaos Allows More Creativity*, Reseach-Technology. Management Vol.38 No.5, 1995.

二一、Weber, Max, *The Theory of Social and Economic Organization*, (Trans and Ed. by T. Parsons and A. M. Henderson.) New York: Oxford Press, 1947.

二二、UNDP, *Human Development Report* 1995, Oxford University Press, 1995.

二三、Zadeh, L.A., *Fuzzy Sets, Information and Control*, 8:338-353, 1963.

混沌管理——中國的管理智慧　MBA 01

著　　者／袁闖
出 版 者／生智文化事業有限公司
發 行 人／林新倫
總 編 輯／孟樊
執行編輯／鄭美珠
登 記 證／局版北市業字第 677 號
地　　址／台北市文山區溪洲街 67 號地下樓
電　　話／(02)2366-0309　2366-0313
傳　　真／(02)2366-0310
E-mail／ufx0309@ms13.hinet.net
印　　刷／科樂印刷事業股份有限公司
法律顧問／北辰著作權事務所　蕭雄淋律師
初版二刷／1999 年 4 月
定　　價／新台幣 280 元
郵政劃撥／14534976
ISBN／957-8637-76-4

北區總經銷／揚智文化事業股份有限公司
地　　址／台北市新生南路三段 88 號 5 樓之 6
電　　話／(02)2366-0309　2366-0313
傳　　真／(02)2366-0310
南區總經銷／昱泓圖書有限公司
地　　址／嘉義市通化四街 45 號
電　　話／(05)231-1949　231-1572
傳　　真／(05)231-1002

本書如有缺頁、破損、裝訂錯誤，請寄回更換。

版權所有　翻印必究

國家圖書館出版品預行編目資料

混沌管理：中國的管理智慧 = Chaos
management ／ 袁闖著. -- 初版. -- 台北
市：生智，1999 [民 88]
面； 公分
參考書目：面
ISBN 957-8637-76-4（平裝）

1.管理科學 - 哲學，原理

494.01 87015509